Tewendé Lionel Kevin BÉRÉ

Influência de 2 datas de sementeira nos parâmetros agro-morfológicos

Tewendé Lionel Kevin BÉRÉ

Influência de 2 datas de sementeira nos parâmetros agro-morfológicos

de genótipos de sorgo sacarino

Imprint

Any brand names and product names mentioned in this book are subject to trademark, brand or patent protection and are trademarks or registered trademarks of their respective holders. The use of brand names, product names, common names, trade names, product descriptions etc. even without a particular marking in this work is in no way to be construed to mean that such names may be regarded as unrestricted in respect of trademark and brand protection legislation and could thus be used by anyone.

Cover image: www.ingimage.com

This book is a translation from the original published under ISBN 978-620-6-72400-1.

Publisher:
Sciencia Scripts
is a trademark of
Dodo Books Indian Ocean Ltd. and OmniScriptum S.R.L publishing group

120 High Road, East Finchley, London, N2 9ED, United Kingdom
Str. Armeneasca 28/1, office 1, Chisinau MD-2012, Republic of Moldova, Europe
Printed at: see last page
ISBN: 978-620-8-23712-7

Conteúdo

Ppapa: Sr. BERE Francois

Mãe: Sra. BERE/KABRE T J. R Viviane.

AGRADECIMENTOS

Au terme de ce тётоие, nos remerciements vont a 1 endroit de tous ceux qui, de pres ou de loin, ont particip6 a son ёlaЬoraPоn. Nous tenons particulierement a dire merci a :

- SAWADOGO Mahamadou, Professeur Titulaire a i'universile JOSEPH KI- ZERBO, atual Secretaire дёиёral du ministere des enseignements supёrieurs, de la recherche scientifique et de l'innovation et Directeur du Laboratoire Biosciences, por nos ter aceite neste curso de formação e por ter aceite presidir ao júri de defesa;

- Sra. BATIONO/KANDO Pauline, Professeur Titulaire a i'universile JOSEPH KI-ZERBO, pelos esforços feitos como nossa professora e Diretora do presente mёmoire. Os seus conselhos, críticas e sugestões foram muito úteis. Obrigado por ter aceitado participar na avaliação deste trabalho como membro do júri de defesa;

- Sr. SAWADOGO Nerbёwendё, Maitre de Confёrences a l'UniversE Joseph KI-ZERBO, Coordenador do mestrado ; pelos conselhos como nosso professor e co-orientador deste trabalho. Obrigado por ter aceitado co-orientar esta dissertação, por ter apreciado a forma e o conteúdo deste documento e por ter participado no júri de defesa;

- Sr. TRAORE Renan Ernest, Maitre de confёrence a l'universE JOSEPH KI- ZERBO por ter aceite examinar este documento como membro do júri e corrigi-lo na forma e no conteúdo;

- Todos os membros do júri ;

- SAWADOGO Boureima, Assistente na Universidade de Fada N'Gourma, por Gostaríamos de aproveitar esta oportunidade para expressar a nossa sincera gratidão pela sua ajuda na preparação do ensaio, na introdução dos dados e na correção da forma e do conteúdo do relatório;

- Senhor TIENDREBEOGO K. Fidele, doutor em gёnёtique e amёlioração de plantas por ter prёtё forte na correção deste mёmoire. Suas críticas e sugestões têm ёtё bёnёfiques nós ;

- Sr. BERE Andre, médico veterinário reformado, e Sr. BORO Oumar, doutorando em medicina veterinária.

Gёnёtique et Agronomie, por ter aceite corrigir este mёmoire. As vossas críticas e sugestões ёtё foram úteis para nós;

- Gostaria de agradecer a todos os meus professores pela aprendizagem e pelos conselhos que me deram, bem como pelos métodos de análise de dados que utilizaram durante as suas aulas. Obrigado aos senhores NANEMA K. Romaric, Maitre de confёrences ; KIEBRE Zakaria, Maitre-assistant et OUEDRAOGO Mahamadi Hamed, Maitre-assistant ; tous a i'universite JOSEPH KI- ZERBO ;

- Todos os meus amigos, camaradas, primos, irmãos e irmãs, Sr. SOUMBOUGMA Benoit, doutorando em gёnёtique et amёlioration des plantes ;

- Monsieur NIKIEMA Oumarou, Technicien de la station de recherche de Gampёla ;

TONDE W. Hermann, estudante do mestrado profissional SVRPG ; BAMOUNI Ingrid Dieudonne, doutora em mëdecine ; BERE Bernard N, estudante de inglês ; BOUTIANA Emmanuel, estudante de inglês ; GUIATIN Gaetan, estudante de economia ; BERE Patrick Junior ; Mademoiselle OUEDA Lucie ; ILBOUDO K. Osee; pelo seu respetivo apoio mutiforme desde a criação dos ensaios, passando pela recolha de dados, até à análise e interpretação.

- Todos aqueles que, direta ou indiretamente, participaram no sucesso deste projeto, estão de parabéns.

do presente documento e cujos nomes não puderam ser determinados.

RESUMO

O sorgo de caule doce [*Sorghum bicolor (L.)* Moench] é uma planta tradicionalmente cultivada em torno de concessões no Burkina Faso. Apesar da sua fraca exploração no Burkina Faso, o sorgo de caule doce tem um grande potencial, nomeadamente devido à sua elevada acumulação de açúcares nos caules e à qualidade das suas forragens. O objetivo deste estudo foi determinar um período de sementeira favorável para uma expressão óptima das caraterísticas agromorfológicas do sorgo de caule doce e a sua resposta à variação do fotoperíodo. Assim, 29 genótipos do banco de genes do Laboratório de Biociências da Universidade JOSEPH KI- ZERBO foram avaliados através de 27 variáveis, incluindo 07 variáveis qualitativas e 20 variáveis quantitativas, num delineamento em blocos Fisher com três repetições. Este estudo mostrou que todas as 07 variáveis qualitativas e 02 variáveis quantitativas, em particular o comprimento do pedúnculo e o comprimento do entrenó (LPE, LOE), não foram influenciadas pela data de sementeira. No entanto, 18 variáveis quantitativas foram influenciadas pela data de sementeira. Esta influência traduziu-se por uma diminuição significativa do desempenho médio de 13 variáveis quantitativas durante as sementeiras tardias, nomeadamente as caraterísticas relativas ao ciclo (NJG, NJE, NJF), caraterísticas relacionadas com as dimensões foliares (LOF, LAF), caraterísticas relacionadas com as dimensões da planta (NEN, HPL, DTP), caraterísticas relacionadas com as dimensões da panícula (LOP, LAP, PPA), teor de açúcar na fase leitosa (BSL) e perfilhamento aéreo (TLA). Observamos um aumento de desempenho em 05 variáveis quantitativas, a saber: perfilhamento vegetativo e útil (TLV, TLU), número de dias para a emergência (NJL) e teor de açúcar nos estágios de grão claro e duro (BSP e BGD). Cinco (05) genótipos (nomeadamente 124, 108, 02, 79 e 109) foram pouco susceptíveis, enquanto 11 genótipos foram altamente susceptíveis. O genótipo 85 foi o mais fotoperiódico (com Kp = 0,861) e o 124 o menos fotoperiódico (com Kp = 0,125). Os genótipos apresentaram um brix mais elevado na segunda data de sementeira do que na primeira data de sementeira. Estes resultados podem ser utilizados no programa de melhoramento do sorgo sacarino.

Palavras-chave: *Sorghum bicolor,* variabilidade agro-morfológica, fotoperiodismo, sementeira, Burkina Faso.

INTRODUÇÃO

Cëröales cobrem 4,2 milhões de hectares, ou seja, três quartos da área cultivada no Burkina Faso (Ministere de 1 agriculture et de la securite alimentaire-Situation de reference des principales filieres agricoles au Burkina Faso, abril de 2013). De 2009 a 2018, a superfície cultivada no Burkina Faso aumentou 1519364 ha, ou seja, 32%. Durante o período de 2009 a 2018, as terras agrícolas permaneceram principalmente dedicadas aos cereais. De facto, os cereais representaram 80% da área total durante o período, seguidos pelas culturas de rendimento (24%) e outras culturas alimentares (5%) (EPA/DGESS/MAAH, 2018). O sorgo é o cereal mais cultivado no Burkina Faso. Atualmente, é cultivado em cerca de 1,3 milhões de hectares. O sorgo é cultivado em todo o Burkina Faso durante a estação das chuvas (Maisonneuve et Larose, 1991). O sorgo é um dos cereais mais consumidos no Burkina Faso. A quota-parte do sorgo nas necessidades calóricas totais é estimada em 17,5% em média durante o período 2005-2011, aumentando de 16,7% para 19% (FAOSTAT, 2014). De acordo com a **Agência ECOFIN (2018)**, no Burkina Faso, os resultados da campanha agrícola 2017/2018 publicados pelo governo mostram uma colheita de cereais de 4 milhões de toneladas. No Burkina Faso, são cultivados diferentes tipos de sorgo, incluindo o sorgo de caule doce. O sorgo de caule doce é tradicionalmente cultivado em torno de concessões, principalmente em associação com mai's, sorgo comum ou outras culturas NEBIE (2014). Segundo o NEBIE (2009), a baixa produção deste sorgo deve-se à falta de conhecimento do seu potencial. No entanto, o sorgo de caule doce é bem conhecido noutros países, nomeadamente na China, nos EUA e em muitos outros, sendo utilizado como matéria-prima para o fabrico de produtos consumíveis como xarope, açúcar e biocombustível: etanol (GUIYING *et al.*, 2000; FAO 2002; ICRISAT, 2004). É também utilizado para forragem, e os açúcares acumulados em altas concentrações (Brix) nos caules deste tipo de sorgo são utilizados como suplemento energético ou alimentar pelas populações locais (NEBIE *et al.* 2013). A maior parte dos estudos efectuados no Burkina Faso sobre o sorgo de caule doce centraram-se na sua diversidade genética (NEBIE, 2014) e no seu potencial de produção de açúcares, nomeadamente o Brix (NEBIE *et al.* ,2013). Num contexto de alterações climáticas caracterizado pelo início tardio e encurtamento da estação das chuvas, bem como pela irregularidade das precipitações, parece necessário desenvolver variedades mais resistentes. Assim, o presente estudo intitulado "influência de duas datas de sementeira nos parâmetros agro-morfológicos de genótipos de sorgo sacarino" foi iniciado para determinar o impacto de uma compensação de sementeira na variabilidade agro-morfológica de 29 genótipos de sorgo sacarino. Especificamente, o objetivo era (i) avaliar o impacto de cada data de sementeira na expressão de variáveis agro-morfológicas de genótipos de sorgo sacarino; (ii) determinar o impacto da sementeira "atrasada"/"avançada" na variabilidade agro-morfológica de genótipos de sorgo sacarino; (iii) avaliar o grau de sensibilidade à variação do fotoperíodo.

O presente documento está estruturado em três capítulos, com uma introdução geral e uma conclusão. O primeiro capítulo é dedicado a uma revisão da literatura sobre o sorgo sacarino, o segundo capítulo trata dos materiais e métodos utilizados e o terceiro capítulo é dedicado aos resultados obtidos e à sua discussão.

INFORMAÇÕES GERAIS SOBRE O SORGO SACARINO

I. História

O sorgo é uma das plantas cultivadas mais antigas do mundo (OUEDRAOGO, 2014).
Domesticado há cerca de 8000 anos, o sorgo é originário da África Oriental (Etiópia, Sudão).
Está particularmente bem adaptado às regiões tropicais semiáridas, onde continua a ser,
juntamente com o painço, uma cultura alimentar essencial para a segurança alimentar de
centenas de milhões de pessoas nas regiões secas da África Subsariana e do Sul da Ásia
(EPSO, 2015).

DOGGETT (1965) relata provas arqueológicas que sugerem que a prática da domesticação de
cereais foi introduzida no Egito a partir da Etiópia por volta de 3000 a.C.. Segundo ele, é
possível que a domesticação do sorgo tenha começado nesta altura. [e]Pensa-se que o sorgo de
talo doce tenha sido introduzido na América no início do século XIX. Tinha talos doces dos
quais se extraía o sumo para fazer açúcar e xarope (HARLAN e DE WET, 1972).

II. Taxonomia

O sorgo [*Sorghum bicolor* L. (Moench)] é uma planta herbácea anual da família *Poaceae* (ex-
Graminees), subfamília *Panico'ideae,* tribo *Andropogoneae* e género *Sorghum* (DOGGET,
1988). Durante o século XVI, o sorgo foi designado pela primeira vez com diferentes nomes,
nomeadamente *Milliumsaracenaceum, Milliumindicumsivemelica, Milliumindicum e
Milliumaethiopicum*. A taxonomia moderna só retomou o nome a partir de Linnaeus, que foi o
primeiro a descrever o sorgo com o nome *Holcus*, e descreveu 07 espécies, das quais 03 ainda
fazem parte do género *Sorghum*: *Holcussaccaratus, Holcussorghum* e *Holcusbicolor*.
Entretanto, a systëmatique atual é inspirada nas bases dadas por Moench, que foi o primeiro a
definir o gênero Sorghum e a espécie *Sorghum bicolor* (L) Moench (OUEDRAOGO, 2014).
A figura I é uma representação esquemática da classificação do sorgo na família *Poaceae*.

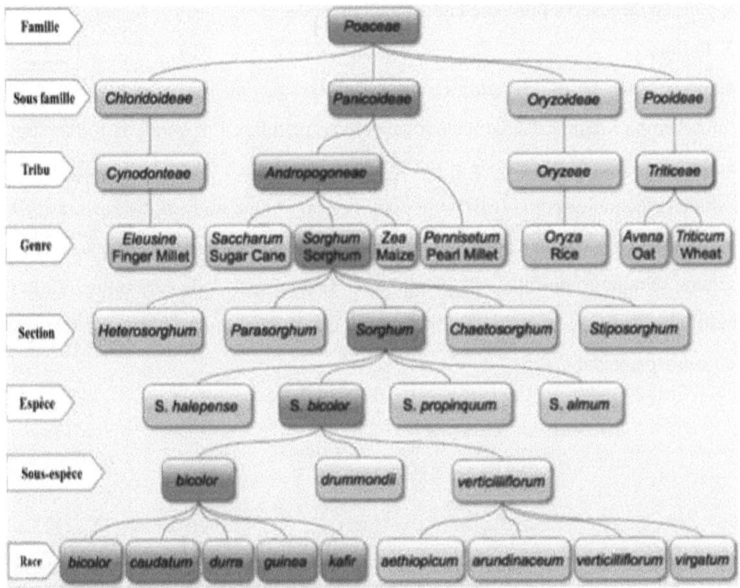

Figura I: Representação esquemática da classificação do sorgo na família Poaceae (segundo Bouchet, 2008)

III. Biologia

III.1. 1. Morfologia do aparelho vegetativo

III.1.1.1. Raiz

Tal como outros tipos de sorgo cultivado, o sorgo sacarino caracteriza-se por um sistema radicular poderoso, o que explica em grande parte a sua capacidade de resistir a um stress hídrico severo. As raízes não são muito profundas no solo, mas são vigorosas (GRASSI, 2001; NYABYENDA, 2005). O sistema radicular do sorgo é bem desenvolvido, com numerosos pêlos radiculares (quase o dobro dos da esteira, por exemplo) (HOUSE, 1987). De acordo com NEBIE (2014), as raízes exploram o solo em todas as direções e se originam dos entrenós inferiores.

III.1.2.2. Chaume

O sorgo de talo doce ou 'kao- liang' (painço chinês) varia em altura de 1,20 a 4 m e pode atingir 5 m, dependendo das variëtës e condições de crescimento. Morfologicamente, é semelhante a outros sorgos cultivados (FAO, 2002; GNANSOUNOU et al., 2004; ICRISAT, 2006 b). O caule é sólido com um córtex duro ou casca e uma medula mais macia. A medula é doce e sumarenta. O sorgo é uma planta do tipo C4. Segundo NEBIE (2014), este mecanismo de fotossíntese permite-lhe armazenar grandes quantidades de sacarose. No sorgo sacarino, o órgão de reserva por excelência é o pedúnculo.

III.1.3.3. Folhas

As folhas do sorgo sacarino são simples, sem pêlos, erectas ou caídas, alternadas, com uma lígula e uma bainha longa, estreitamente adjacente ao restolho. Em geral, as folhas têm entre 30 cm e 135 cm de comprimento e 6 cm a 13 cm de largura (SINGH e LOHITHASWA, 2006). Estudos efectuados pelo NEBIE em 2009 revelaram que no Burkina Faso, as folhas do sorgo de caule doce na região Centro-Norte têm 61 cm a 85 cm de comprimento e 5 cm a 11 cm de largura. O número de folhas da planta varia de uma variedade para outra. Varia de 6 a 14 nas cultivares do Burkina (NEBIE 2009). A figura II mostra uma planta de sorgo apenas com o seu caule principal.

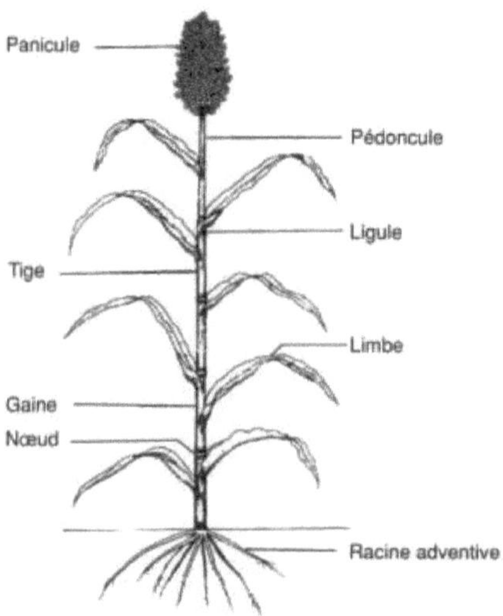

Figura II: Diagrama de uma planta de sorgo com um único caule principal (segundo Clerget, 2004)

III.2. 2. Morfologia do sistema reprodutor

III.2.1.1. Inflorescência

A inflorescência do sorgo é uma panícula. A panícula do sorgo é constituída por um eixo central, a ráquis, que suporta os ramos. Estes ramos, por sua vez, suportam um par de tpillets, um séssil e fértil, e o outro pérdico e estriado (CHANTEREAU e NICOU, 1991). Cada tepillet apresenta duas (2) flores, das quais apenas a mais alta está completa. Cada flor completa possui dois (02) estigmas e três (03) tetaminas (AHMADI *et al.*, 2002). HOUSE (1987) afirma que a inflorescência dos perfilhos pode ocorrer simultaneamente com a do caule principal ou após este.

III.2.2.2. Grãos

O grão de sorgo é uma cariopse composta por três partes principais: o invólucro que constitui o ptricarpo (6 a 8% do peso seco), o tecido de reserva ou albúmen também chamado endosperma (80 a 84%) e o embrião que ocupa 7,8 a 12,1% do peso seco do grão; ASIEDU (1989). De acordo com HOUSE (1987), o grão completamente maduro tem 3,5 a 5 mm de comprimento, 2,5 a 4,5 mm de largura, com um peso de 1000 grãos que varia de 60 a 85 g.

III.3. 3. Fisiologia do sorgo

III.3.1.1. Germinação e emergência

A germinação dos grãos pode assumir duas formas diferentes: hipogte e tpigte. Estas duas formas distinguem-se pela posição dos cotilédones em relação ao solo durante a germinação. A germinação é hipoginosa, também conhecida como germinação criptocotílica, no sorgo como em todos os cereais (DUKE, 1965). A germinação é a passagem do grão de um estado de vida lenta para um estado de vida ativa. A ela segue-se a emergência. De acordo com ZOLIKPO (2011), as plântulas de sorgo levam de 3 a 10 dias para emergir.

III.3.2.2. Guarnição

O utilizador da Internet define o perfilhamento como a capacidade das gramíneas de se multiplicarem a partir de um único rebento. A capacidade de perfilhamento depende tanto da variedade como das condições ambientais, neste caso a densidade populacional, o fornecimento de azoto, a temperatura e o fotoperíodo (DOGGETT, 1988). CHANTEREAU e NICOU (1991) relatam um fraco perfilhamento em sorgo tropical do tipo *guiné*.

III.3.3.3. Reprodução

No sorgo, a floração começa no topo da panícula e progride para baixo. A floração continua ao longo da inflorescência durante 4 ou 5 dias. Cada panícula pode conter até 6000 floretes (QUINBY e KARPER, 1947). A floração começa quando a planta tem entre 50 e 60 cm de altura e a duração do dia é mais curta do que a da noite (CHANTEREAU e NICOU, 1991; ZONGO, 1991). O sorgo é maioritariamente autopolinizado (embora a polinização cruzada represente cerca de 2-10%) (HOUSE, 1987). No sorgo, o pólen acumula-se no estigma para fecundar o óvulo e formar um núcleo com 2n cromossomas.

III.4. 4. Fotoperiodismo

O fotoperiodismo, um fenómeno importante no mundo animal e vegetal, reflecte a influência da duração do dia e da noite em diversas reacções fisiológicas (neste caso, a floração das plantas). Segundo FRANQUIN (1971), o fotoperiodismo é o fenómeno em que a luz intervém não pela sua intensidade mas pela sua duração durante o ciclo de 24 horas. O controlo da transição entre as fases vegetativa e reprodutiva depende geralmente de dois sinais ambientais: a duração do dia (ou fotoperíodo) e a temperatura (QUINBY *et al.*, 1973). De acordo com OUEDRAOGO (2014), o sorgo é geralmente fotoperiódico e este fotoperiodismo pode ser mais acentuado nalguns genótipos do que noutros. A sensibilidade do sorgo ao fotoperíodo (fotoperiodismo) provoca então um encurtamento do ciclo quando a sementeira é atrasada, favorecendo a floração agrupada com o fim da estação das chuvas (GARNER e ALLARD, 1923a, COCHEME e FRANQUIN, 1967). Quanto mais tardia for a sementeira, mais curtas serão as plantas. Esta diminuição da altura resulta diretamente de uma redução do número de fitómeros produzidos, mas raramente do seu tamanho (BEZOT, 1963; CLERGET *et al.*, 2008b). De notar também que o teor de açúcares nos caules depende da fenologia da planta, ditada pela duração do ciclo sementeira-floração e pelo fotoperíodo (GUTJAHR, 2012).

III.5. 5. "Sorgo "stay-green

O termo "stay-green" refere-se à capacidade da planta de sorgo de manter um bom número de folhas verdes após a floração, a fim de garantir que os grãos sejam adequadamente preenchidos com compostos de azoto e açúcar (OUEDRAOGO, 2014). Esta caraterística tem sido alvo de programas de melhoramento australianos, que levaram ao desenvolvimento de sorgos mais pequenos, mas mais vigorosos, e que garantem uma colheita de alta qualidade. (GAUFICHON *et al.,* 2010). Stay-green" é uma caraterística que reflecte a capacidade da planta para tolerar a seca após a floração.

IV. Ecologia

V. .1. Temperatura e luz

Segundo ZOLIKPO, a temperatura óptima para a germinação do grão de sorgo é de 2735°C. No entanto, uma descida demasiado grande da temperatura (temperaturas inferiores a 1215°C, por exemplo) provocaria a esterilidade durante a fase de floração (OUEDRAOGO, 2014).

O sorgo é uma planta de dias curtos que reage ao fotoperíodo de diferentes formas. Em latitudes elevadas, algumas cultivares tropicais não florescem nem dão sementes. Nos Estados Unidos, na Austrália e na Índia, foram registadas cultivares que variam de medianamente a praticamente insensíveis ao fotoperíodo (OUEDRAOGO, 2014). No caso do sorgo, nem todas as variedades são fotoperiódicas, mas as cultivadas pelos agricultores em África são frequentemente nictiperiódicas. Esta caraterística adaptativa permite que as variedades locais sincronizem a sua floração com o fim da estação das chuvas (CURTIS, 1968; KOURESSY *et al.*, 2008).

VI. 2. Necessidades de água

Conhecido como a "planta camelo" na Índia, o sorgo doce é altamente adaptável, muito resistente à seca e aos solos salino-alcalinos, e tolera bem o alagamento (FAO, 2002). De acordo com o SENE (1995), o sorgo necessita de 400 mm de precipitação para um ciclo curto e 700 mm para um ciclo longo. A precipitação deve ser bem distribuída ao longo do tempo para garantir um rendimento máximo.

VII.Utilizações do sorgo sacarino

VIII. Utilizações industriais

O sorgo de caule doce é o mais cultivado, nomeadamente nos países do Norte. Os caules são colhidos antes da maturação dos grãos, para extrair o sumo. Numa boa variedade, o sumo representa pelo menos 50% da massa do caule (ASIEDU, 1989). De acordo com SCHAFFER e GOURLEY (1982) e QAZI et *al* (2012), a sacarose (açúcar não redutor), a glicose e a frutose (açúcares redutores) são os principais açúcares encontrados no sumo do caule do sorgo doce, com uma elevada proporção de sacarose de cerca de 80%. No entanto, estas proporções variam consoante as variëtës. O sumo, que tem um pH mais ou menos neutro (cerca de 7), de acordo com CHAVAN et *al* (2009), também contém proteínas, amido, fibra e cálcio.

O sumo de açúcar de sorgo extraído desta forma pode ser fermentado para produzir etanol. Até 7.000 litros de etanol podem ser produzidos a partir de um hectare de sorgo sacarino (FAO, 2002). De acordo com o ICRISAT (2006 a), o etanol tem propriedades ënergëticas interessantes. De facto, 1,5 litros de sumo têm o mesmo conteúdo energético que um litro de gasolina.

O sumo do caule, as sementes e os subprodutos industriais do sorgo sacarino são utilizados para uma variedade de fins. Mas as utilizações mais comuns são a produção de xarope e de forragem. O xarope de sorgo é obtido a partir de certas variëtës denominadas "variëtës xarope". O sumo destes sorgos contém muito pouca sacarose, embora exista uma quantidade significativa de açúcar não cristalizável (SCHAFFER e GOURLEY, 1982; ASIEDU, 1989).

IX. . Utilizações não industriais

Nos países em desenvolvimento, o sorgo sacarino é cultivado principalmente pelo seu grão, enquanto o sorgo sacarino é cultivado pelo sumo de açúcar contido no caule, ou secundariamente para forragem. Os caules são consumidos como uma iguaria, mastigando para sugar o sumo contido na fase leitosa ou pastosa (VIGUIER, 1947; HARLAN e DE WET, 1972; NEBIE, 2014). As folhas, os caules e as panículas, com ou sem sementes, são utilizados na alimentação animal. Em geral, o sorgo, além de forragem, pode ser шШзё em compostagem (palha). O talo também pode ser usado para fazer esteiras, como combustível em muitas casas, etc. (NEBIE, 2009).

CAPÍTULO II

MATERIAIS E MÉTODOS

I. Sítio experimental

Os ensaios foram realizados na estação experimental do Institut de Dëveloppement Rural (IDR) em Gampëla, de junho a dezembro de 2019. Esta estação está localizada a 18 km de Ouagadougou, no eixo Ouagadougou-Fada N'Gourma, a 12°5' de latitude norte e 1°12' de longitude oeste. A Figura III mostra o mapa de localização da estação de Gampëla.

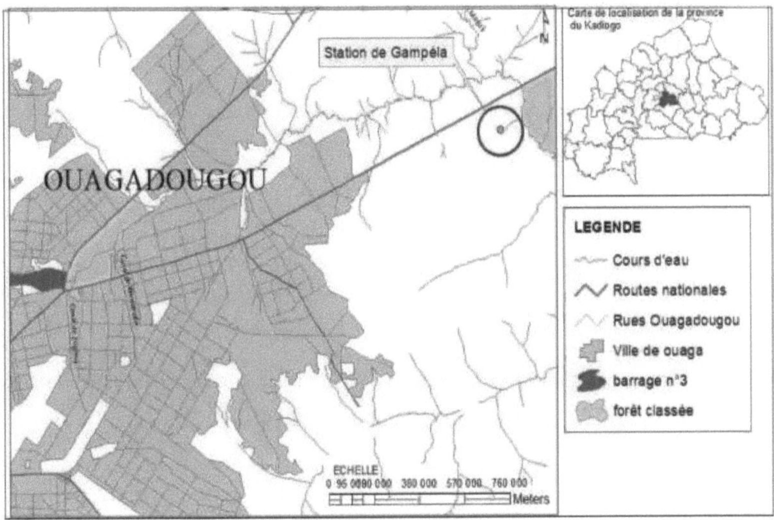

Figura III: Mapa de localização da estação de Gampela (National
Topographic Data Base
(NTDB), 2012)

O clima na estação é sudanês, caracterizado por uma curta estação chuvosa de junho a outubro e uma longa estação seca de novembro a maio (THIOMBIANO e KAMPMANN, 2010). A precipitação acumulada durante a campanha agrícola 2018-2019 ëlë 852,7 mm distribuída por oito (08) meses. julho ëlë o mês mais húmido com 321,3 mm de precipitação. As temperaturas durante a mesma estação variaram de 25,6°C a 34,7°C. A Figura IV mostra a curva precipitação-temperatura para a estação de Gampëla de acordo com a Diretion de la Mëtëorologie Nationale, 2019.

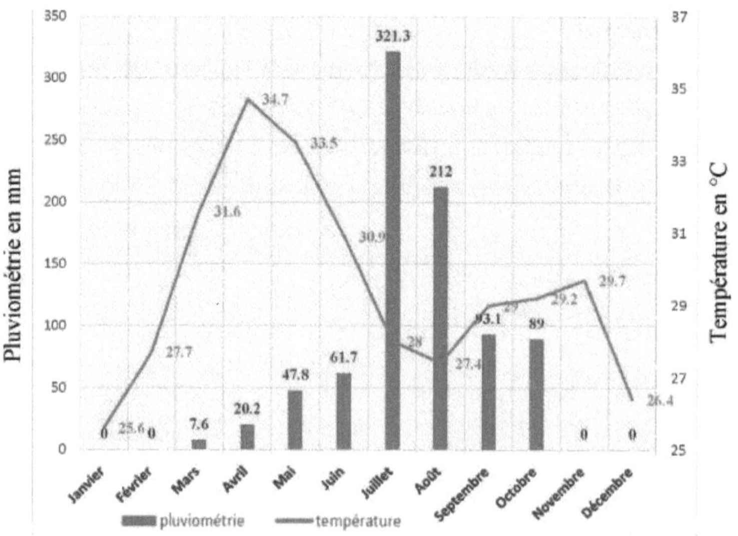

Figura IV: Curva precipitação-temperatura para a estação de Gampela (Diretion de la meteorologie nationale, 2019)

II. Material vegetal

O material vëgëtal é composto por 29 gënotypes de sorgo de caule doce. Estes 29 gënotypes foram selecionados aleatoriamente a partir do germoplasma do Laboratório de Biociências da Equipa de Genética e Melhoramento de Plantas (EGAP) da Universidade Joseph KI-ZERBO.

III. Métodos

III.1. 1. Instalação experimental

Foram realizados dois ensaios, o primeiro em junho e o segundo em julho. A configuração experimental utilizada para cada um dos dois ensaios foi um bloco Fisher com 3 rëpëtitions. Cada rëpëtição é composta por 29 linhas com um gënotype por linha. Cada linha tem 14 pilhas. O espaçamento entre linhas e o espaçamento foi de 80 cm e 40 cm, respetivamente. Duas linhas de fronteira foram colocadas em cada lado de cada linha. A inter-rëpëtição é de 2 m. [2]Cada dispositivo tem uma área total de aproximadamente 502 m com um comprimento ëlë de 25,6 m e uma largura de 19,6 m. A Figura V abaixo mostra o esquema da montagem experimental para cada ensaio.

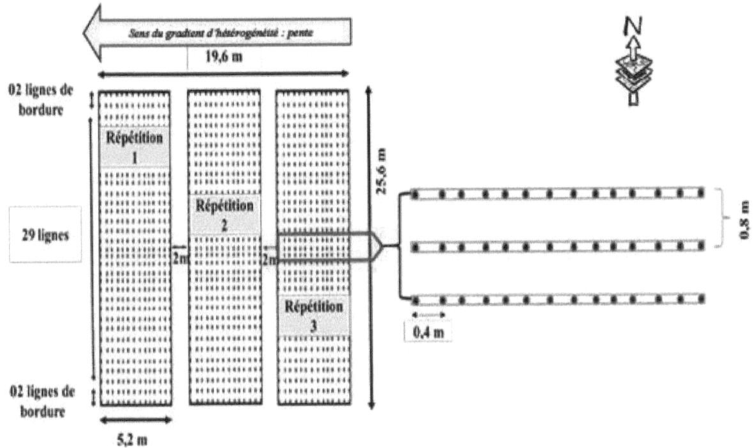

Figura V: Esquema da conceção em blocos de Fisher para cada um dos dois ensaios (BERE, 2019)

III.2. 2. Técnicas de cultivo

A expërimentação a соттепсё por um teste de efeitos de germinação em 40 gënotypes ateatoriamente selecionados. Vinte e nove (29) gënotypes foram ël.ë sëlectionnës para l'essai com base na taxa de germinação. As primeiras sementeiras oprere no campo n.º 1 ocorreram em 29 de junho de 2019. As segundas semeaduras opërës no campo n ° 2 ocorreram em 23 de julho de 2019. Antes do estabelecimento do ensaio, ambas as parcelas tiveram Ьë^й^ë de aragem e nivelamento. Foram necessárias duas mondas; a primeira, prëcëdë de um dëmariage a uma planta, ocorreu três (03) semanas após a data da sementeira, enquanto a segunda monda ocorreu cerca de sete (07) semanas após a data da sementeira. Uma amontoa foi realizada no final do desenvolvimento vëtativo das plantas, a fim de contrariar o acamamento causado por ventos fortes. Duas emendas, a primeira com NPK e a segunda com ureia, foram aplicadas nas duas parcelas a uma taxa de 100kg/ha.

III.3. 3. Recolha de dados

Foram recolhidos dois tipos de dados. Variáveis quantitativas e variáveis qualitativas. Foram utilizadas 27 variáveis, sendo 20 variáveis quantitativas e sete (07) variáveis qualitativas.

III.3.1.1. Variáveis quantitativas

As variáveis quantitativas foram medidas diretamente no campo, com exceção do comprimento (LOP) e da largura (LAP) da panícula, do peso da panícula (PPA) e do brix (BRIX). O brix representa a fração de sacarose num líquido, ou seja, a percentagem de matéria seca solúvel. O comprimento da panícula é medido da base ao topo da panícula com uma fita graduada. A largura é medida no terço inferior da panícula. O peso foi medido com uma balança digital e o brix com um refratómetro portátil. As variáveis seguintes foram medidas ao longo de toda a linha:

- o número de dias até à emergência (NJL) corresponde ao número de dias entre a sementeira e a emergência de metade dos cachos por linha;

- o número de dias até ao inchamento (NJG) é o número de dias entre a sementeira e o inchamento de 50% das plantas por linha;

- o número de dias até ao vingamento (NJE), que é o número de dias entre a sementeira e o vingamento de 50% das plantas por linha;

- o número de dias até à floração (NJF) corresponde, respetivamente, ao número de dias entre a sementeira e a floração de 50% das panículas principais do ecótipo por linha.

As variáveis quantitativas abaixo foram medidas no estádio de maturação em 03 plantas selecionadas aleatoriamente de cada linha. Estas foram :

- O comprimento (LOF) e a largura (LAF) da folha foram medidos na terceira folha abaixo da panícula. A escolha da terceira folha sub-panicular é justificada pelo facto de a folha em questão já não estar em crescimento ativo e ser também menos afetada por qualquer stress causado pelo défice hídrico. A largura da folha foi medida na parte mais larga da mesma folha;

- ^{emeeme}do comprimento do inter-nó (LOE), que foi estimado medindo a meia distância entre o terceiro nó (3) e o quinto nó (5) a partir do vértice;

- o comprimento do pedúnculo (LPE) medido do último nó até à primeira ramificação das panículas;

- do comprimento (LOP) e da largura (LAP) da panícula correspondentes, respetivamente, à distância sëparant da base da panícula ao topo da panícula e à distância da parte mais larga da panícula. Todas as medições relativas às dimensões da folha e da panícula foram ële efectuadas com uma fita graduada;

- altura da planta (HPL), que é a distância entre o topo da panícula principal e a base da planta no solo. Foi medida utilizando uma escala graduada.

- e o diâmetro do caule (DTI) medido no primeiro entrenó do caule principal a partir da base. Esta medição foi efectuada com um paquímetro.

O perfilhamento vegetativo (TLV), o perfilhamento útil (TLU) e o perfilhamento aéreo (TLA) foram pontuados pela contagem, respetivamente, do número de perfilhos que se desenvolveram no primeiro nó, do número de perfilhos que produziram panículas e do número de perfilhos que se desenvolveram nos nós superiores. O número de entrenós (NEN) também foi contado. O peso da panícula principal (PPA) foi medido com uma balança digital. O brix foi medido em 3 fases, no terceiro, quinto e sétimo nós. Foi utilizado um refratómetro portátil ATAGO® para medir o brix.

A figura VI mostra o refratómetro portátil, enquanto a figura VII ilustra as etapas da medição do brix dos nós de cada genótipo.

O quadro I resume as variáveis quantitativas medidas.

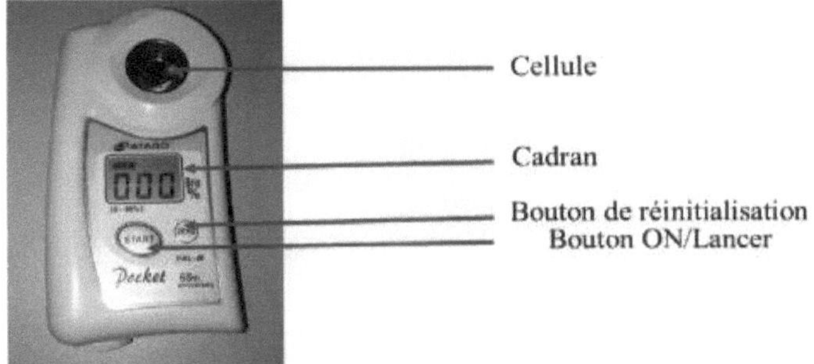

Figura VI: Ilustração do refratómetro portátil (BERE, 2019)

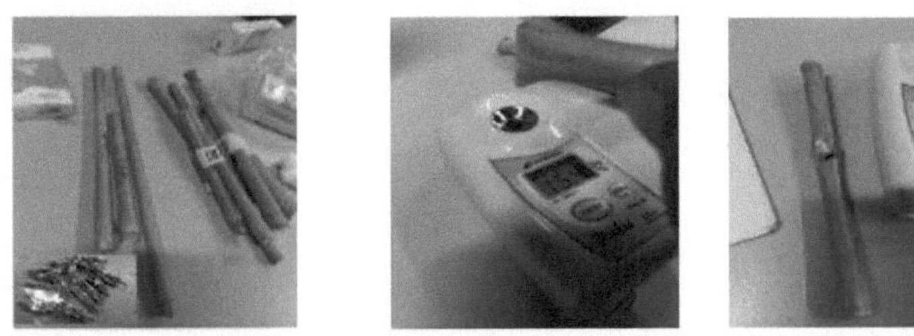

A-Nós selecionados B-Depósito de algumas gotas C-Leitura dos resultados (15,4%)

Figura VII: Ilustrações das etapas de medição do brix do entrenó por genótipo (BERE, 2019).

Figura VII: Ilustrações das etapas da medição do brix dos nós por genótipo (BERE, 2019).

Quadro I: Lista e abreviaturas das variáveis quantitativas medidas

caracteres	abreviaturas	Unidade de medida	Estádio
Número de dias até ao dique	NJL	dia	levëe
Plantação	TLV		Grão duro
Tallage^tile	TLU		Grão duro
Atracagem aérea	TLA		Grão duro
Número de dias de inchaço	NJG	dia	Inchaço
Número de dias de germinação	NJE	dia	Emergência
Número de dias até à floração	NJF	dia	Floração
^eme Comprimento da 3 folha sob a panícula	LOF	cm	Pateux
^eme Largura da folha 3 sob a panícula	LAF	cm	Pateux
Número de entre-nreud	NEN		Pateux
Comprimento do nó	LOE	Cm	Pateux
Altura da planta	HPL	Cm	Pateux
Diâmetro do caule principal	DTP	Cm	Pateux
caracteres	abreviaturas	Unidade de medida	Estádio
Comprimento do pedúnculo	LPE	Cm	Pateux
Comprimento da panícula	LOP	Cm	Pateux
Largura da panícula	LAP	Cm	Pateux
Peso da panícula principal	PPA	g	Pateux
O Brix tem 3 fases	BRIX	%	Grãos leitosos, pastosos e duros

III.3.2.2. Variáveis qualitativas

As caraterísticas qualitativas ëtudiës foram ële numeradas 07. A cor das plântulas (CPL) foi medida na fase de levedura e o sabor dos grãos foi medido na fase pastosa através de um teste organolético. As outras variáveis qualitativas, nomeadamente a exserção (EXE), a forma do grão seco (FGR), a cor da gluma (CGL) e a cobertura do grão (COG), foram medidas no estádio maduro. A cor do grão foi medida no estádio de grão duro.

A exserção (EXE) é a distância entre o topo da bainha da folha da panícula e os primeiros ramos da panícula principal. A exserção tem ëlë considërëe positiva ou protuberante quando a panícula é complemento dëgagëe da bainha. No caso em que a bainha abraça a panícula, a exserção é negativa. No terceiro caso, não há exserção. A figura VIII abaixo mostra a sclu'ina de diferentes exserções de sorgo.

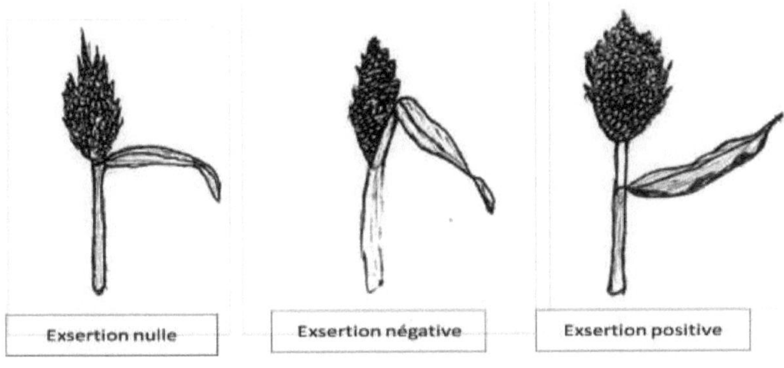

Figura VIII: Diagrama das diferentes exserções de sorgo (BERE, 2020)

A cobertura de grãos (COG) é estimada com base na proporção de grãos envoltos nas glumas. Foram definidas as coberturas %, Ц, %, total e de casco mais longo. A figura IX abaixo mostra a sclK'ina de diferentes coberturas de grãos de sorgo.

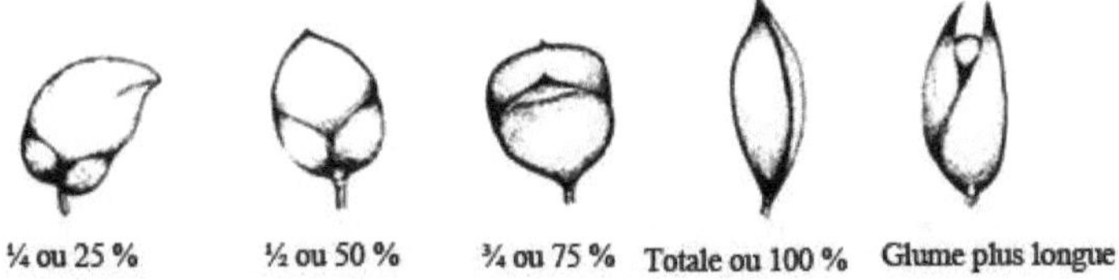

Figura IX: Diagrama de diferentes coberturas de grãos de sorgo (IBPGR/ICRISAT, 1993)

A forma do grão seco (FGR) foi definida de acordo com duas variantes: a forma foveada (se o grão tiver uma covinha) e a forma não foveada (se o grão for convexo). A figura X mostra um esquema das diferentes formas do grão de sorgo seco.

Figura X: Diagrama das diferentes formas do grão de sorgo seco (IBPGR/ICRISAT, 1993)

O quadro II resume as variáveis qualitativas medidas

Quadro II: Lista e abreviaturas das variáveis qualitativas medidas

caracteres	Abreviaturas	Estádio
Cor das plântulas	PLC	Dique
Exserção	EXE	Maturidade
Forma do grão seco	FGR	Maturidade
Cor das glumas	CGL	Maturidade
Cobertura de grãos	COG	Maturidade
Sabor a grão	SGR	Pateux
Cor do grão	CGR	Maturidade

III.4. 4. Métodos de análise de dados

A estatística descritiva foi calculada com os softwares Excel, XLSTAT e GENSTAT. As médias das variáveis quantitativas, as frequências das caraterísticas qualitativas e o coeficiente de fotopëriodismo (Kp) foram calculados com o software EXCEL 2016.

$$Kp = \frac{NJF_{D1} - NJF_{D2}}{Décalage\ de\ jours\ de\ la\ date\ 1\ à\ la\ date\ 2} ;$$

com *NJFDi*: Número de *Deslocação de dias da data* 1 para a *data* 2

dias para a floração da primeira data de sementeira; *NJFD2*: Número de dias para a floração da segunda data de sementeira;

O teste de Newman-Keuls foi ëtë rë^ë para determinar a sëparação das médias de cada ensaio usando o software XLSTAT versão 2016.

Análise de variância (ANOVA) de um fator e de dois fatores (interação) a ëtë rëalisëe usando o software GENSTAT ëdition 4.lnk.

CAPÍTULO III

RESULTADOS E DISCUSSÃO

I. Resultados

I.1 Variação das caraterísticas qualitativas

L1.1. ᵉʳᵉVariação das caraterísticas de qualidade na 1ᵃ data de sementeira (29 de junho)

Os resultados registados na Tabela III apresentam a distribuição dos gënotípos por variável de acordo com a modalidade e o estádio de observação. De facto, na fase de emergência, foram observadas 02 modalidades quanto à cor das plântulas, com uma proporção de plântulas de cor verde de 55,172% e uma proporção de plântulas de cor arroxeada de 44,828%. A observação da cor da gluma revelou 06 cores distintas.

Quadro III: Frequências das caraterísticas qualitativas observadas em diferentes fases do ciclo de desenvolvimento na primeira data de sementeira (29 de junho)

Personagens	Estádio	Detalhes	Frequências em
Exserção (EXE)	Maturidade	Positivo	85,069%
		Nenhum	6,897%
		Negativo	8,034%
Cor de plântulas (CPL)	Dique	púrpura	44,828%
		verde	55,172%
Forma do grão (FGR)	Maturidade	Foveolee	73,552%
		Não foveolares	26,448%
Cor das glumas (CGL)	Maturidade	amarelo claro	20,690%
		preto	31,034%
		castanho	18,379%
		castanho escuro	16,103%
		vermelho	9,207%
		Manchado de amarelo claro	4,586%
Cobertura de grãos (COG)	Maturidade	G+L	3,448%
		100% coberto	24,138%
		75% coberto	44,828%
		50% coberto	13,793%
		25% coberto	13,793%
Cor do grão (CGR)	Maturidade	vermelho claro	4,586%
		vermelho escuro	44,828%
		branco mosqueado	11,483%
		branco sujo	39,069%
Sabor a grão (SGR)	Pateux	Sem açúcar (NS)	95,414%
		Leite em pó (LS)	4,586%

G+L: casco mais comprido do que o grão.

1.1.2. [eme]Variação das caraterísticas de qualidade em 2 datas de sementeira (23 de julho)

Os resultados apresentados na Tabela IV mostram a distribuição dos gënotypes por variável de acordo com as modalitës e o estádio de observação. De fato, no estádio de emergência, foram observados 02 modalitës quanto à cor da plântula, com uma proporção de plântulas de coloração verde de 55,172% e uma proporção de plântulas de coloração arroxeada de 44,828%. As observações da cor da gluma no estádio de maturação revelaram 06 cores distintas.

Quadro IV: Frequências das caraterísticas qualitativas observadas em diferentes fases do ciclo de desenvolvimento na segunda data de sementeira (23 de julho)

Personagens	Estádio	Detalhes	Frequências em
Exserção (EXE)	Maturidade	Positivo	86,207%
		Nenhum	6,897%
		Negativo	6,897%
Cor de plântulas (CPL)	Dique	púrpura	44,828%
		verde	55,172%
Forma do grão (FGR)	Maturidade	Foveolee	72,414%
		Não foveolares	27,586%
Cor das glumas (CGL)	Maturidade	amarelo claro	20,690%
		preto	31,034%
		castanho	17,241%
		castanho escuro	16,103%
		vermelho preto	9,207%
		Amarelo-luz mosqueado	5,725%
Cobertura de grãos (COG)	Maturidade	G+L	3,448%
		100% coberto	24,138%
		75% coberto	44,828%
		50% coberto	13,793%
		25% coberto	13,793%
Cor do grão (CGR)	Maturidade	vermelho claro	3,448%
		vermelho escuro	44,828%
		branco mosqueado	13,793%
		branco sujo	37,931%
Sabor a grão (SGR)	Pateux	Sem açúcar (NS)	96,552%
		Leite em pó (LS)	3,448%

*JCT: manchado de amarelo claro; **G+L**: casca mais comprida do que o grão.*

A figura XI ilustra a forma do grão de sorgo sacarino e a figura XII mostra as diferentes cores dos grãos de sorgo sacarino que estudámos.

Presença de uma covinha

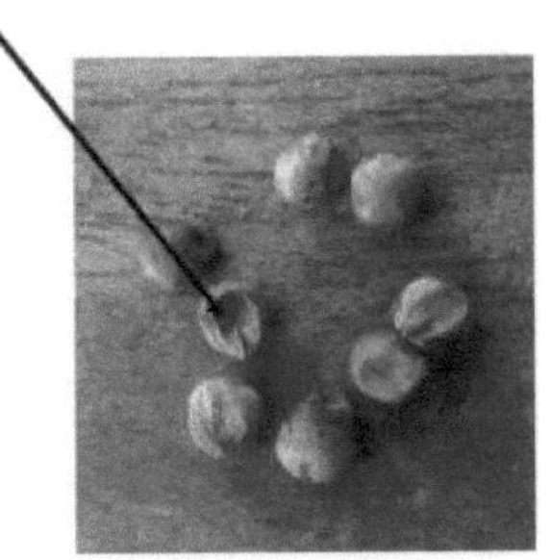

A-grãos não foveolados   A-sementes foveoladas

Figura XI: Ilustração da forma do grão do sorgo sacarino (BERE, 2019)

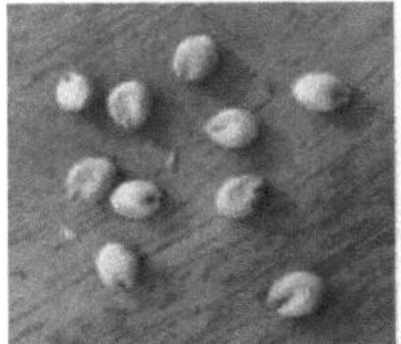

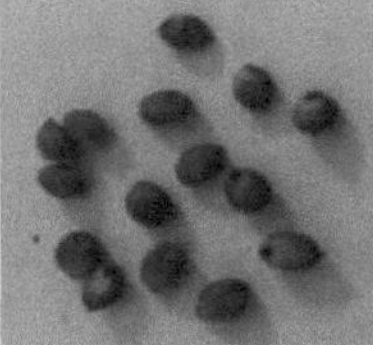

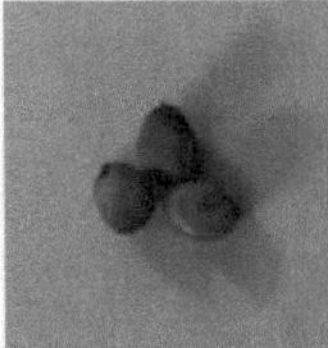

A-grão branco sujo   B-grão vermelho escuro C-grão vermelho claro D-grão branco manchado

Figura XII: Ilustração da cor dos grãos de sorgo sacarino (BERE, 2019)

1.1.3. Efeito da data de sementeira na variação das caraterísticas de qualidade

A Tabela V apresenta os valores mínimos, máximos e médios; as probabilidades F; os coeficientes de variação; e os erros padrão por modo para as variáveis categóricas.

Os resultados da análise de variância (ANOVA) efectuada para os números das diferentes modalidades por variável qualitativa mostram que a data de sementeira não teve influência significativa na expressão dos parâmetros qualitativos. Os coeficientes de variação (CV) foram baixos na maioria dos casos. Isto indica que a data de sementeira tem uma influência muito reduzida sobre estas caraterísticas.

Quadro V: Resultados da análise de variância (ANOVA) sobre os números das variáveis qualitativas

		FORÇA DE TRABALHO								
Mínimo				*Máxima*		*Médias*				
Personagens	*Detalhes*	*D1*	*D2*	*D1*	*D2*	*D1*	*D2*	*F pr.*		*CV Visitar*
	Positivo	24	25	25	25	24,67	25	**0,374 ns**	1,64	0,408
EXE	Nenhum	2	2	2	2	2	2	-	0	0,000
	Negativo	2	2	3	2	2,33	2	**0,374 ns**	18,84	0,408

PLC	púrpura	14	14	16	16	14,66	14,66	**1 ns**	7,87	1,155
	verde	13	13	15	15	14,33	14,33	**1 ns**	8,06	1,155
FGR	Foveola	21	21	22	21	21,33	21	**0,374 ns**	1,93	0,408
	Sem fóvea	7	8	8	8	7,67	8	**0,374 ns**	5,21	0,408
CGL	amarelo claro	6	6	6	6	6	6	-	0	0,000
	preto	9	9	9	9	9	9	-	0	0,000
	castanho	5	5	6	5	5,33	5	**0,374 ns**	7,9	0,408
	MF	4	4	6	6	4,67	4,67	**1 ns**	24,74	1,155
	vermelho	2	2	3	3	2,67	2,67	**1 ns**	21,65	0,577
	JCT	1	1	2	2	1,33	1,67	**0,519 ns**	38,49	0,577
COG	G+L	1	1	1	1	1	1	-	0	0,000
	100%	7	7	7	7	7	7	-	0	0,000
	75%	13	13	13	13	13	13	-	0	0,000
	50%	4	4	4	4	4	4	-	0	0,000
	25%	4	4	4	4	4	4	-	0	0,000
CGR	vermelho claro	1	1	2	1	1,33	1	**0,374 ns**	34,99	0,408
	vermelho escuro	13	13	13	13	13	13	-	0	0,000
	BT	2	4	4	4	3,33	4	**0,374 ns**	22,27	0,817
	branco sujo	11	11	12	11	11,33	11	**0,374 ns**	3,66	0,408
SGR	LS	1	1	2	1	1,33	1	**0,374 ns**	34,99	0,408
	NS	27	28	28	28	27,67	28	**0,374 ns**	1,47	0,408

EXE : exserção ; CPL : cor da plântula ; FGR : forma do grão ; CGL : cor da gluma ; COG : cobertura do grão ; CGR : cor do grão ; SGR : sabor do grão ; D1 : primeira data de sementeira (29/06/2019) ; D2 : segunda data de sementeira (23/07/2019) ; CV : coeficiente de variação ; Se : erro padrão ; F pr. : probabilidade F ; ns : não significativo ; - : sem valor ; JCT : manchado de amarelo claro ; G+L : casca mais comprida que o grão ; LS : ligeiramente doce ; NS : não doce ; MF : castanho escuro ; BT : manchado de branco.

I.2 Variação das caraterísticas quantitativas

1.2.1. Desempenho médio por variável e data de sementeira dos genótipos estudados

Na primeira data de semeadura (Tabela VI), os resultados da análise de variância indicam que apenas as variáveis número de dias no solo (NJL) e diâmetro da haste principal (DTP) apresentaram diferenças não significativas entre os genótipos. No entanto, as outras 18 variáveis apresentaram diferenças significativas entre os genótipos avaliados. O número de dias da semeadura à floração (NJF) variou de 76,33 dias para o genótipo mais precoce (genótipo 124) a 96,67 dias para o genótipo mais tardio (genótipo 89). O Brix a variou de 13,42% (genótipo 02) a 19,13% (genótipo 125) com uma média de 16,13%. A altura da planta variou de 193,10 cm (genótipo 104) a 417,20 cm (genótipo 120) com uma média de 334,94 cm.

Na segunda data de sementeira (Quadro VII), 19 variáveis apresentaram diferenças significativas entre os genótipos, enquanto apenas uma variável, o diâmetro do caule principal (DMC), não apresentou diferenças significativas entre os genótipos. Os dias para a floração (DFT) variaram entre 67,33 dias para o genótipo mais precoce (genótipo 97) e 81,33 dias para o genótipo mais tardio (genótipo 79). O Brix variou de 13,94% (genótipo 108) a 20,51% (genótipo 70) com uma média de 16,87%. A altura da planta variou de 142,90 cm (genótipo 104) a 322,4 cm (genótipo 115) com uma média de 249,25 cm.

Quadro VI: Variabilidade e desempenho médio de cada genótipo por variável na primeira data de sementeira

Variáveis

| Genótipos | | TL | | NE | | | | | | | | | | | | BG | | | | |
s	U	TLV	TLA	PPA	NJL	NJG	NJF	NJE	N	LPE	LOP	LOF	LOE	LAP	LAF	HPL	DTP	BSP	BSL	D
				160,4		72,5	81,5	79,0	13,7	60,5	35,8	64,9	40,5	11,2		330,0	21,1	11,3	14,3	14,6
2	0,00	0,00	5,00	0	4,00	0	0	0	5	8	3	2	8	5	7,86	0	7	5	0	2
				125,2		77,6	85,6	80,0	12,5	52,0	23,0	66,6	46,7			303,3	19,6	18,3	16,3	22,0
70	1,67	2,00	7,67	0	3,00	7	7	0	6	8	4	2	8	6,17	8,30	0	7	1	2	8
				151,9		83,6	93,6	89,0	14,8	47,8	32,0	68,0	46,5			345,2	21,5	16,5	16,5	18,8
73	0,00	0,00	1,67	0	4,00	7	7	0	3	0	6	0	9	8,67	9,66	0	0	3	0	4
				129,0		80,3	87,3	83,3	14,4	33,6	13,8	57,7	45,9			290,6	21,7	14,8	16,3	15,8
79	1,00	1,00	4,67	0	3,33	3	3	3	4	1	1	2	4	7,39	8,34	0	8	7	4	2
				148,5		89,0	95,6	93,6	12,5	46,1	39,0	74,7	56,9			362,3	23,1	14,4	16,7	16,4
81	3,00	3,67	5,33	0	3,33	0	7	7	6	7	3	2	2	9,39	6,92	0	1	1	3	1
				112,6		89,0	94,6	91,6	13,1	46,8	36,0	73,0	46,3			350,3	23,0	14,1	16,5	15,1
85	2,67	3,00	3,67	0	3,00	0	7	7	1	0	0	0	3	9,39	6,06	0	6	1	7	7
				134,5		78,3	86,0	84,0	14,1	33,3	13,8	60,3	45,8			288,6	20,0	16,6	13,8	17,0
88	0,67	0,67	4,67	0	3,33	3	0	0	1	9	9	3	2	7,33	8,47	0	0	0	2	4
				160,0		85,3	96,6	93,3	13,6	42,6	38,7	76,2	51,1	10,7		346,4	27,2	16,4	14,4	17,3
89	2,00	2,67	5,33	0	4,00	3	7	3	1	1	8	8	4	8	6,69	0	8	9	8	0
				154,8		78,0	85,0	81,0	11,7	75,8	37,5	80,2	51,4			382,9	21,7	12,7	14,8	19,0
92	4,00	4,33	11,00	0	3,00	0	0	0	8	9	0	2	4	8,67	7,63	0	8	8	7	9
				143,9		74,6	83,0	77,6	12,1	55,7	28,8	75,5	48,9			327,3	19,2	16,5	19,0	18,1
97	2,00	2,00	8,00	0	3,00	7	0	7	1	9	9	0	9	7,41	8,33	0	8	9	9	0
				136,8		72,3	79,3	76,0	12,0	50,0	30,0	74,2	46,6			328,6	21,0	15,1	14,8	21,4
98	1,00	1,00	8,67	0	3,33	3	3	0	8	4	0	2	0	7,56	7,99	0	0	8	2	4
				163,0		85,3	94,0	90,0	15,8	34,7	30,1	75,2	36,3		10,2	303,6	26,1	15,9	15,4	19,0
103	1,67	2,00	2,00	0	4,00	3	0	0	9	8	1	2	3	9,33	6	0	1	9	7	0
				171,0		80,0	87,0	83,3	11,6	36,6	24,8	69,0	23,5			193,1	18,6	12,4	19,1	16,6
104	0,33	0,33	7,00	0	3,33	0	0	3	7	7	9	6	0	9,11	9,58	0	7	1	0	6
				159,4		69,3	78,6	73,6	11,6	66,0	36,2	72,5	49,6			359,9	21,3	14,5	20,5	18,4
105	0,67	1,67	22,00	0	3,00	3	7	7	7	6	4	6	7	8,28	7,86	0	3	2	4	1
				142,7		73,0	79,3	75,0	11,2	55,6	32,5	73,5	52,0			320,6	21,3	13,3	12,4	16,2
108	2,67	3,33	7,00	0	3,33	0	3	0	2	1	6	6	4	8,89	6,00	0	9	8	7	0
				143,5		80,0	86,0	82,0	13,4	52,5	30,4	67,2	49,7			353,8	21,1	14,9	15,0	18,0
109	2,33	3,33	2,00	0	3,33	0	0	0	4	6	4	8	8	9,72	8,23	0	1	2	0	4
				148,4		83,6	92,6	85,6	13,6	48,5	41,6	81,5	49,5			351,3	20,1	14,8	16,3	18,0
110	2,33	3,33	4,00	0	3,00	7	7	7	7	6	7	0	3	9,72	8,04	0	7	3	1	7
				148,9		79,0	90,0	85,0	13,5	71,1	29,9	61,9	49,7			408,3	18,7	16,0	15,2	18,3
112	3,33	3,67	11,00	0	3,33	0	0	0	6	7	8	4	8	7,28	6,74	0	8	9	6	8
				155,0		84,0	94,6	90,3	14,0	74,6	33,6	66,7	54,3	10,0		415,0	20,5	12,5	14,0	20,5
115	0,33	0,33	3,33	0	3,33	0	7	3	0	7	1	2	3	0	6,39	0	6	0	4	2

Genótipos	TLU	TLV	TLA	PPA	NJL	NJG	NJF	NJE	NEN	LPE	LOP	LOF	LOE	LAP	LAF	HPL	DTP	BSP	BSL	BGD
				166,0	84,3	91,0	87,0	15,3	51,9	41,1	75,3	43,2	10,7			390,3	22,7	14,7	15,5	16,6
119	2,33	2,33	3,67	0	3,67	3	0	0	3	4	1	3	1	8	8,34	0	8	5	3	7
				146,4	76,3	86,6	81,6	13,6	77,3	38,7	61,6	56,0				417,2	20,1	14,2	17,4	15,2
120	3,33	4,67	6,33	0	3,33	3	7	7	7	3	8	7	4	8,39	6,29	0	1	7	0	7
				133,2	79,6	87,0	83,3	13,3	50,2	30,5	68,3	51,8				350,6	18,6	14,9	15,4	17,9
123	1,33	2,33	1,00	0	3,67	7	0	3	3	2	0	3	9	8,94	8,20	0	7	9	3	7
				147,8	71,3	76,3	73,6	13,5	51,3	25,6	66,2	43,8				320,6	20,8	14,0	18,1	18,8
124	2,33	2,67	8,67	0	3,00	3	3	7	6	3	1	8	9	8,83	8,41	0	3	2	3	2
				155,4	73,6	79,0	76,0	12,2	68,8	36,3	68,9	49,3				371,1	21,5	18,3	18,8	20,2
125	1,33	1,33	17,00	0	3,00	7	0	0	2	3	9	2	3	7,94	7,18	0	6	0	3	7
				170,0	73,3	78,6	75,6	12,5	46,3	28,4	69,1	26,0	13,2			216,9	19,4		14,7	19,5
127	2,33	3,00	8,67	0	3,67	3	7	7	6	8	4	4	0	2	9,43	0	4	8,29	6	1
				146,6	80,6	92,3	85,0	15,1	50,5	34,2	68,2	43,5				345,8	19,7	15,3	16,0	20,3
129	2,67	3,00	3,33	0	3,67	7	3	0	7	6	2	8	6	9,50	8,43	0	2	2	2	0
				130,1	81,3	90,6	85,6	14,7	49,0	31,8	69,7	42,6				351,7	21,5	15,9	13,9	16,4
130	2,67	3,67	2,33	0	3,67	3	7	7	8	6	1	8	1	9,17	8,76	0	6	0	1	4
				143,6	71,3	79,0	74,3		52,1	33,9	75,3	56,7				296,4	20,2	11,9	12,6	18,3
136	2,00	3,00	9,00	0	3,33	3	0	3	9,44	7	4	3	2	9,22	5,76	0	2	4	4	4
				129,1	66,3	78,3	73,6		54,6	33,3	74,1	56,4				283,9	19,8	13,5	13,8	16,0
137	3,67	4,67	10,00	0	3,33	3	3	7	9,33	7	3	1	1	9,00	5,42	0	9	9	7	3
F pr	0,015	0,022	0,0003	0,028	0,110	$<10^{-4}$	$<10^{-4}$	$<10^{-4}$	$<10^{-4}$	$<10^{-4}$	$<10^{-4}$	$<10^{-4}$	$<10^{-4}$	0,002	$<10^{-4}$	$<10^{-4}$	0,069	$<10^{-4}$	$<10^{-4}$	$<10^{-4}$
significado	*	*	***	*	ns	***	***	***	***	***	***	***	***	**	***	***	ns	***	***	***

TLV: altura do perfilhamento da planta; TLU: altura útil do perfilhamento; TLA: altura do perfilhamento da parte aérea; NJL: número de dias para 50% de levantamento dos cachos; NJG: número de dias para 50% de inchamento das plantas por linha; NJE: número de dias para 50%> florescimento das plantas por linha; NJF: emeeme número de dias para 50%> florescimento das plantas por linha; LOF: comprimento da 3 folha sub-panicular; LAF: largura da 3 folha sub-panicular; NEN: número de entrenós; LOE: comprimento dos entrenós; HPL: altura da planta; DTP: diâmetro da haste principal; LPE: comprimento do pedúnculo; LOP: comprimento da panícula principal; LAP: largura da panícula principal; PPA : peso da panícula principal; BSL: brix no estádio leitoso; BSP: brix no estádio pesado; BGD: brix no estádio de grão duro; ns: não significativo; *: significativo; **: altamente significativo24 ***: tris altamente significativo.

Quadro VII: Variabilidade e desempenho médio de cada genótipo por variável na segunda data de sementeira

Variáveis

Genótipos	TLU	TLV	TLA	PPA	NJL	NJG	NJF	NJE	NEN	LPE	LOP	LOF	LOE	LAP	LAF	HPL	DTP	BSP	BSL	BGD
				152,2	65,6	75,0	71,3		58,8	31,4			44,4			254,0	17,0	15,3	12,8	18,8
2	2,00	2,67	4,67	0	3,67	7	0	3	9,89	8	6	65,11	6	8,88	7,41	0	0	2	3	4
				130,2	65,6	72,3	68,6		49,0	21,1			48,9			229,9	15,8	21,2	17,9	22,3
70	3,00	3,67	6,00	0	3,67	7	3	7	8,33	0	0	71,22	4	5,89	7,99	0	9	4	4	6
				137,5	72,6	80,0	76,6	11,6	51,6	27,8	41,4		13,2			259,3	16,8	18,2	17,1	18,9
73	3,33	4,33	2,67	0	4,00	7	0	7	7	8	9	63,22	2	7,29	4	0	3	2	7	7
				128,7	73,3	81,3	79,3	11,6	37,1	15,1			39,6			230,4	15,8	15,8	13,7	18,3
79	2,33	2,67	2,00	0	3,00	3	3	3	7	9	5	57,56	3	7,34	6,34	0	9	1	7	6

No.	Values (as printed)
	146,5 69,6 80,3 77,0 46,6 27,4 51,4 251,2 16,2 15,0 14,7 18,0
81	3,67 5,67 2,33 0 3,67 7 3 0 9,22 7 3 65,56 4 6,47 4,20 0 8 4 0 4
	148,6 65,6 74,0 69,6 46,2 28,7 47,2 231,9 15,3 15,4 12,3 17,2
85	4,00 8,33 2,00 0 3,00 7 0 7 8,67 8 2 64,33 9 7,58 4,41 0 9 3 1 8
	118,9 67,0 76,3 74,0 12,3 30,7 14,1 46,0 246,8 19,0 17,1 15,0 17,1
88	3,00 3,00 2,00 0 3,67 0 3 0 3 4 2 58,56 6 5,99 5,64 0 0 4 9 4
	142,0 67,3 79,3 74,6 46,4 30,7 48,2 239,0 18,2 14,0 14,0 20,0
89	3,67 6,33 6,33 0 4,00 3 3 7 9,11 4 2 64,89 3 7,40 4,92 0 8 3 2 2
	170,8 65,0 73,6 68,6 72,2 33,2 54,5 10,3 277,1 16,1 17,0 14,9 18,5
92	3,00 4,33 6,33 0 3,33 0 7 7 8,22 2 9 68,78 9 6 5,24 0 7 0 2 3
	149,1 59,3 67,3 63,6 50,7 31,7 51,1 225,1 16,0 19,2 16,3 22,9
97	3,67 6,00 7,67 0 3,00 3 3 7 7,56 7 8 68,78 7 8,49 6,49 0 0 9 0 6
	154,1 65,3 71,3 68,3 53,1 29,7 50,3 222,4 14,0 20,1 14,7 21,6
98	3,67 5,33 4,33 0 3,67 3 3 3 7,33 3 7 67,11 3 7,65 5,78 0 0 0 4 9
	131,7 70,0 79,6 74,6 10,8 43,1 29,9 35,7 225,8 18,4 16,3 14,1 16,5
103	3,67 5,00 3,00 0 4,00 0 7 7 9 2 9 64,78 3 7,07 7,20 0 4 6 3 9
	126,3 69,3 79,3 75,0 10,7 30,5 28,6 19,5 142,9 30,7 15,3 14,4 15,2
104	0,00 0,00 3,00 0 3,00 3 3 0 8 2 6 71,11 6 7,31 8,98 0 8 3 6 9
	141,4 59,6 67,6 63,3 67,0 31,1 57,4 269,3 14,0 18,6 16,8 19,8
105	3,00 4,67 7,67 0 3,00 7 7 3 7,56 2 1 64,56 6 6,82 6,17 0 6 4 0 9
	131,4 66,0 74,6 69,6 49,6 30,1 51,6 210,2 15,0 13,4 12,9 15,4
108	3,67 7,33 7,67 0 3,00 0 7 7 7,22 2 7 61,44 6 8,26 4,30 0 0 9 0 4
	120,3 68,6 79,3 73,3 46,3 24,6 47,6 10,6 244,4 17,1 16,0 14,1 19,3
109	3,00 5,00 4,00 0 3,67 7 3 3 9,33 3 7 62,89 4 4 6,43 0 7 6 4 6
	148,8 65,6 77,6 71,0 10,4 52,4 35,8 45,7 269,7 16,9 17,9 15,9 17,3
110	4,00 6,00 4,33 0 3,67 7 7 0 4 9 6 74,17 1 7,90 6,49 0 4 2 8 2
	129,7 65,3 74,0 70,0 66,9 27,1 52,0 10,8 294,9 15,7 20,3 15,1 21,8
112	4,00 4,67 6,33 0 3,33 3 0 0 9,67 9 1 67,22 7 5 5,39 0 2 1 7 4
	145,5 69,6 79,6 75,6 10,5 69,6 28,8 51,7 322,3 16,3 17,2 15,6 20,1
115	3,67 4,67 4,00 0 3,33 7 7 7 6 4 3 70,67 1 8,29 5,29 0 3 5 9 9
	144,9 68,3 78,0 75,0 10,5 53,3 32,4 46,2 10,8 276,4 17,6 14,5 15,0 19,3
119	2,00 4,00 4,67 0 3,67 3 0 0 6 9 2 71,67 0 0 6,41 0 7 8 6 7
	146,6 67,6 79,3 74,0 10,0 71,1 40,6 54,7 10,4 310,6 17,5 12,6 11,4 20,6
120	4,67 6,00 4,67 0 3,33 7 3 0 0 1 9 63,44 6 4 5,77 0 6 9 9 8
	131,7 67,3 77,0 73,0 10,8 55,5 29,1 49,0 288,4 16,7 15,6 15,9 16,8
123	1,67 4,67 2,33 0 4,00 3 0 0 9 8 1 66,67 7 7,28 7,10 0 8 2 4 3
	119,9 66,6 73,3 69,6 48,1 23,5 43,5 238,0 15,3 17,8 14,0 18,9
124	4,67 6,67 7,00 0 3,00 7 3 7 9,78 9 5 67,89 1 6,89 6,92 0 3 2 9 7
	11,3 157,8 62,6 68,0 65,0 66,9 40,0 56,8 284,3 14,7 20,2 15,4 21,6
125	3,33 5,33 3 0 4,00 7 0 0 8,33 7 0 64,78 8 9,75 6,16 0 8 4 0 8
	150,6 63,0 69,6 66,0 10,1 39,8 32,8 23,2 177,8 18,2 18,2 14,6 20,4
127	2,00 2,33 5,33 0 4,00 0 7 0 1 3 9 77,94 1 7,88 8,21 0 8 6 7 4
129	3,00 4,33 3,00 142,0 3,33 67,6 78,6 75,0 12,4 55,3 30,3 59,44 39,6 7,54 7,08 285,6 19,6 16,9 15,1 20,3

	0	7	7	0	4	2	4	0	0	1	9	8	4
	130,3	68,6	81,0	74,6	11,5	57,1	33,7	43,7	277,6	18,3	15,3	16,0	21,8
130	2,67 4,67 2,33 0	3,67 7	0 7	6 1 8	62,33 9	8,18 6,83 0	9	8	9	8			
	144,5	63,3	71,6	66,3	55,2	28,4	52,6	222,1	14,0	15.8	11,2	17,1
136	5,00 6,33 9,67 0	3,67 3	7 3	7,67 4 5	61,56 4	7,21 4,69 0	0	4	1	0			
	10,6 156,3	61,6	67,6	64,6	51,8	27,4	52,7	220,7	15,3	15,9	13,4	17,1	
137	4,33 6,00 7 0	3,67 7	7 7	7,44 7 6	63,89 4	6,14 4,32 0	3	0	3	2			
	0,00 0,02 0,04	0,00						0,000		0,03		0,58	
Fpr	4 4 3	0,011	7	$<10^{-4}$ $<10^{-4}$ $<10^{-4}$ $<10^{-4}$ $<10^{-4}$ $<10^{-4}$	1	$<10^{-4}$ $<10^{-4}$ 8	$<10^{-4}$	7 $<10^{-4}$ $<10^{-4}$ $<10^{-4}$				
significado	**	**	**	*	**	***	***	***	***	***	***	***	*** ***
	*	***	**ns**	***	***	***							

*TLV: perfilhamento vegetativo; TLU: perfilhamento útil; TLA: perfilhamento aéreo; NJL: número de dias até 50% de abertura de gemas; NJG: número de dias até 50% de inchamento por linha; NJE: número de dias até 50%> de florescimento por linha; NJF: ^{emeeme} número de dias para 50%> floração das plantas por linha; LOF: comprimento da 3 folha sub-panicular; LAF: largura da 3 folha sub-panicular; NEN: número de entrenós; LOE: comprimento dos entrenós; HPL: altura da planta; DTP: diâmetro da haste principal; LPE: comprimento do pedúnculo; LOP: comprimento da panícula principal; LAP: largura da panícula principal; PPA : peso da panícula principal; BSL: brix no estádio leitoso; BSP: brix no estádio pastoso; BGD: brix no estádio de grão duro; ns: não significativo; *: significativo; **: altamente significativo; ***: muito significativo.*

1.2.2. Efeito da data de sementeira na expressão de variáveis quantitativas

Os resultados da análise de variância apresentados no Quadro VIII, tendo em conta a data de sementeira, revelaram diferenças não significativas entre os gënotypes para as variáveis comprimento do pedúnculo (LPE) e comprimento do entrenó (LOE). No entanto, as diferenças foram significativas para as variáveis peso da panícula principal (MPW), número de dias para a emergência (NJL), altamente significativas para o perfilhamento aéreo (TLA) e muito altamente significativas para o resto das variáveis incluindo altura, brix e ciclo.

Para a interação data de semeadura x genótipo, o efeito foi não significativo nos genótipos para perfilhamento vegetativo, útil e aéreo (TLV, TLU, TLA), número de dias para emergência (NJL), largura da folha (LAF), altura da planta (HPL) e diâmetro do caule principal (DTP). Na expressão das demais variáveis, o efeito foi significativo para peso da panícula principal (PPA), número de entrenós (NEN), comprimento do pedúnculo (LPE) e comprimento do entrenó (LOE); altamente significativo para o brix no estádio de grão duro (BGD) e muito significativo para o inchamento na semeadura (NJG), floração na semeadura (NJF), espigamento na semeadura (NJE), comprimento da panícula (LOP) e comprimento da folha (LOF), largura da panícula (LAP) e brix nos estádios leitoso (BSL) e pastoso (BSP).

Quadro VIII: Resultados da análise de variância (ANOVA) com um fator (data de sementeira e genótipo) e dois factores (data de sementeira x genótipo)

variáveis	F pr. data	Genótipo Fpr.	Fpr. Data x genótipo	CV em % do total	ir para
TLV	<0,001 ***	<0,001 ***	0,370 ns	49,880	1,800

TLU	<0,001 ***	<0,001 ***	0,381 ns	52,140	1,345
TLA	0,009 **	<0,001 ***	0,575 ns	70,060	4,139
PPA	0,016 *	0,002 **	0,041 *	11,650	16,740
NJL	0,042 *	<0,001 ***	0,794 ns	12,820	0,442
NJG	<0,001 ***	<0,001 ***	<0,001 ***	2,260	1,635
NJF	<0,001 ***	<0,001 ***	<0,001 ***	2,010	1,628
NJE	<0,001 ***	<0,001 ***	<0,001 ***	2,280	1,750
NEN	<0,001 ***	<0,001 ***	0,042 *	8,730	0,9910
LPE	0,519 ns	<0,001 ***	0,019 *	7,91	4,169
Variáveis	F pr. data	F pr. genótipo	F pr. Data x genótipo	CV em % do total	ir para
LOP	<0,001 ***	<0,001 ***	<0,001 ***	9,59	2,927
LOF	<0,001 ***	<0,001 ***	<0,001 ***	6,38	4,346
LOE	0,367 ns	<0,001 ***	0,042 *	7,670	3,584
LAP	<0,001 ***	<0,001 ***	<0,001 ***	15,51	1,326
LAF	<0,001 ***	<0.001 ***	0,869 ns	24,28	1,721
HPL	<0,001 ***	<0,001 ***	0,028 ns	7,40	21,62
DTP	<0,001 ***	0,569 ns	0,279 ns	22,74	4,334
BSP	<0,001 ***	<0,001 ***	<0,001 ***	10,98	1,725
BSL	<0,001 ***	<0,001 ***	<0,001 ***	9,18	1,400
BGD	<0,001 ***	<0,001 ***	0,001 **	9,15	1,697

ns: *não significativo;* ***:** *significativo;* ****:** *altamente significativo;* *****:** *muito significativo;* **Cv:** *coeficiente de variação;* **se:** *erro padrão.*

1.2.3. Comparação do desempenho dos genótipos por variável em função da data de sementeira

A Tabela IX mostra o desempenho dos gënotypes por data de semeadura. Variáveis como tallage vëgëtatif (TLV) e utile (TLU), número de dias para levëe (NJL), brix nos estádios de grão nu (BSP) e grão duro (BGD) apresentaram maiores valores na segunda data de semeadura em relação à primeira data de semeadura. A semeadura tardia resultaria em um aumento no número de dias até a emergência (+0,14 dias) e uma produção maior de perfilhos vegetativos (+2,44 perfilhos), perfilhos úteis (+1,3 perfilhos), brix no estágio pálido (+2) e grão duro (+1,16) do que a semeadura precoce. No entanto, a semeadura antecipada resultaria em uma redução no perfilhamento (-1,31), número de dias para inchamento (-11,89), número de dias para ®piaison (-11,05), número de dias para floração (-11,06), comprimento da folha (-4,35), largura da folha (-1,4), número de entrenós (-3,46), altura da planta (-85,69), diâmetro da haste principal (4,13), comprimento da panícula (-2,63), largura da panícula (-1,05), peso da panícula (-6,19) e brix no estágio leitoso (-1,14). Não houve diferenças significativas entre as duas datas de semeadura para o comprimento do entrenó e o comprimento da panícula.

Quadro IX: Desempenho médio dos genótipos por data de sementeira

VARIÁVEIS -	MINIMA		MAXIMA		MÉDIA		F PR (FACTOR DATA DE SEMENTEIRA)	DIFERENÇAS NAS MÉDIAS (D2-D1)
	D1	D2	D1	D2	D1	D2		
TLV	0,00	0,00	8,00	11,00	2,39	4,83	<0.001 ***	2,44
TLU	0,00	0,00	5,00	6,00	1,93	3,23	<0.001 ***	1,3
TLA	0,00	0,00	22,00	17,00	6,39	5,08	0.009 **	-1,31
NJL	3,00	3,00	4,00	4,00	3,38	3,52	0.042 *	0,14
NJG	64,00	58,00	90,00	74,00	78,37	66,48	<0.001 ***	-11,89
NJE	71,00	62,00	94,00	81,00	82,36	71,31	<0.001 ***	-11,05
NJF	75,00	66,00	97,00	82,00	86,49	75,43	<0.001 ***	-11,06
LOF	55,67	52,67	88,50	80,83	70,27	65,92	<0.001 ***	-4,35
LAF	5,17	3,30	10,73	27,07	7,79	6,39	<0.001 ***	-1,4
NEN	9,00	6,67	16,67	13,67	13,09	9,63	<0.001 ***	-3,46
LOE	10,34	9,67	31,50	31,07	23,48	23,24	0,367 ns	-0,24
HPL	188,33	129,00	464,33	347,67	334,94	249,25	<0.001 ***	-85,69
DTP	14,33	10,50	29,67	61,67	21,13	17,00	<0.001 ***	-4,13
LPE	29,67	25,83	80,83	79,50	52,94	52,53	0,519 ns	-0,41
LOP	13,27	11,67	45,67	41,67	31,82	29,19	<0.001 ***	-2,63
LAP	5,33	5,24	17,00	11,67	9,07	8,02	<0.001 ***	-1,05
PPA	107,00	101,21	205,97	189,16	146,82	140,63	0.016 *	-6,19
BSL	10,83	9,60	20,70	18,20	15,82	14,68	<0.001 ***	-1,14
BSP	6,57	8,83	19,63	22,63	14,60	16,80	<0.001 ***	2,2
BGD	13,20	12,80	23,83	24,17	17,96	19,12	<0.001 ***	1,16

*D1: primeira data de sementeira (29/06/2019); D2: segunda data de sementeira (23/07/2019); ns: não significativo; *: significativo; **: altamente significativo; ***: muito significativo; Cv: coeficiente de variação.*

1.2.4. Redução do ciclo e coeficiente de fotoperiodismo

A Tabela X mostra que todos os acessos responderam com uma redução no ciclo variando de 03 a cerca de 21 dias para uma diferença de 24 dias entre as duas datas de semeadura. Todos os gënotypes foram sensíveis à variação no fotopëriod. Cinco (05) gënotypes foram ël.ë fracamente sensíveis (Kp < 0,3), 12 gënotypes apresentaram ëlë moderadamente sensível (0,3 < Kp < 0,5), 11 apresentaram ëlë altamente sensível (0,5 < Kp < 0,8) e apenas um gënotype apresentou ëlë muito altamente sensível (Kp > 0,8). O gënotype 124 tem o menor coeficiente de fotopëriodismo (Kp = 0,125), enquanto o gënotype 85 tem o maior coeficiente (Kp = 0,861).

Quadro X: Coeficiente de sensibilidade ao fotoperiodismo e ao genótipo

GENÓTIPOS	NJFD1	NJFD2	RDC	KP	SENSIBILIDADE
124	76,33	73,33	3,00	0,125	FS
108	79,33	74,67	4,67	0,194	FS
2	80,00	75,00	5,00	0,208	FS
79	87,33	81,33	6,00	0,250	FS
109	86,00	79,33	6,67	0,278	FS
136	79,00	71,67	7,33	0,306	EM
120	86,67	79,33	7,33	0,306	EM
104	87,00	79,33	7,67	0,319	EM
98	79,33	71,33	8,00	0,333	EM
127	78,67	69,67	9,00	0,375	EM
88	86,00	76,33	9,67	0,403	EM
130	90,67	81,00	9,67	0,403	EM
123	87,00	77,00	10,00	0,417	EM
137	78,33	67,67	10,67	0,444	EM
105	78,67	67,67	11,00	0,458	EM
125	79,00	68,00	11,00	0,458	EM
92	85,00	73,67	11,33	0,472	EM
119	91,00	78,00	13,00	0,542	HS
70	85,67	72,33	13,33	0,556	HS
127	92,33	78,67	13,67	0,569	HS
73	93,67	80,00	13,67	0,569	HS
103	94,00	79,67	14,33	0,597	HS
110	92,67	77,67	15,00	0,625	HS
115	94,67	79,67	15,00	0,625	HS
81	95,67	80,33	15,33	0,639	HS
97	83,00	67,33	15,67	0,653	HS
112	90,00	74,00	16,00	0,667	HS
89	96,67	79,33	17,33	0,722	HS
85	94,67	74,00	20,67	0,861	HRT

*NJFD1: número médio de dias 50% de floração da primeira data de sementeira (29/06/2019); NJFD2: número médio de dias 50% de floração da segunda data de sementeira (23/07/2019); **RDC:** número de dias de redução do ciclo; **Kp** : coeficiente de fotoperiodismo; **FS:** fracamente suscetível (para **Kp < 0,3**); **MS:** moderadamente suscetível (para **0,3 < Kp < 0,5**); **HS:** altamente suscetível (para **0,5 < Kp < 0,8**); **THS:** muito altamente suscetível (para **0,8 <***

Kp < 1).

II. Discussão

O intervalo de sementeira de 24 dias não produziu efeitos significativos nas variáveis qualitativas. Os baixos coeficientes de variação observados indicam uma variação modërëe nas caraterísticas qualitativas entre as duas datas de sementeira. Estes resultados poderiam ser explicados pelo facto de as variáveis qualitativas serem geralmente governadas por um número muito pequeno de genes que são geralmente pouco influenciados pelo ambiente. As caraterísticas qualitativas são monogénicas.

O offset de semeadura também não afetou significativamente o comprimento do entrenó (LOE) e o comprimento do pedúnculo (LPE). No entanto, provocou um aumento significativo do desempenho dos acessos para variáveis como o número de dias de emergência (NJL), o perfilhamento vegetativo e útil (TLV e TLU), o brix no estádio baço (BSP) e no estádio de grão duro (BGD) e uma diminuição significativa do desempenho para o resto das variáveis quantitativas. De facto, a altura da planta (HPL) diminuiu muito significativamente com o atraso da sementeira. Resultados semelhantes são relatados por NAMOANO (2017) que trabalhou com 12 genótipos de sorgo de grão doce. A redução do porte na segunda data de semeadura não é explicada por uma redução no comprimento dos entrenós, mas sim por uma redução no número de entrenós. De acordo com BEZOT (1963) e CLERGET *et al* (2008b), quanto mais tardia for a sementeira, menor será a altura da planta. Os entrenós são gerados pelos fitómeros, que são as unidades de crescimento. Esta redução da altura resulta diretamente da redução do número de fitómeros (entrenós) produzidos, mas raramente do seu tamanho.

Os resultados também indicam que as sementeiras tardias demoram um pouco mais a emergir em comparação com as sementeiras precoces. GNANSSOUNOU *et al* (2004) relataram que o coleóptilo do sorgo sacarino aparece acima do solo após três (03) a quatro (04) dias quando a temperatura do solo é de cerca de 30°C. O aumento do número de dias para a emergência de plântulas atrasadas seria devido à temperatura do ambiente que é mais baixa em julho (28°C) do que em junho (30,9°C). De acordo com OUEDRAOGO (2014), quando uma semente é enterrada em solo húmido, absorve água e incha. A germinação ocorre rapidamente em solos quentes, com o primeiro aparecimento do coleóptilo acima do solo após três a quatro dias, e leva mais tempo, até 10 dias em solos mais frios (13 a 20°C).

O atraso de 24 dias na semeadura resultou na redução do ciclo semeadura-floração de 03 para aproximadamente 21 dias na segunda data de semeadura. Este resultado pode ser explicado pelo facto de todos os genótipos estudados serem fotoperiódicos, uma vez que a redução do ciclo sementeira-floração na segunda data de sementeira é caraterística das plantas fotoperiódicas. Este facto conduziu imediatamente a uma floração agrupada no final da estação das chuvas. GARNER e ALLARD (1923a), COCHEME e FRANQUIN (1967), CURTIS (1968) mostraram, de facto, que a sensibilidade do sorgo ao fotoperíodo (fotopëriodismo) provoca um encurtamento do ciclo quando a sementeira é atrasada, favorecendo assim a floração em grupo com o fim da estação das chuvas. Nossos resultados são semelhantes aos de GAPILI (2016) em sorgo comum e NAMOANO (2017) em sorgo granífero doce, todos encontraram redução do ciclo variando de 04 horas a 24 dias e 03 a 10 dias respetivamente. O tempo de atraso foi de 14 dias para NAMOANO (2017) e 03 semanas para GAPILI *et al.* (2015). Assim, como argumentado por TRAORE *et al.* (2000), a redução do ciclo é uma caraterística das plantas fotoperiódicas, que interrompem o desenvolvimento vegetativo em prol da produção de sementes. Essa interrupção é feita sem levar em conta o desenvolvimento completo da planta, mas atua como um sinal de socorro que intervém para permitir a transição da fase vegetativa para a fase reprodutiva, a fim de garantir a sobrevivência da espécie.

O escalonamento das datas de sementeira mostra um aumento do número de perfilhos vegetativos (TLV) e de perfilhos úteis (TLU) e uma diminuição dos perfilhos aéreos (TLA) quando a sementeira é atrasada. A rápida interrupção da fase vegetativa pela fase reprodutiva durante a sementeira tardia conduziria a uma espécie de compensação vegetativa, produzindo a planta numerosos perfilhos vegetativos. De acordo com DOGGETT (1988), a capacidade de perfilhamento depende tanto da variedade como das condições ambientais, neste caso a densidade populacional, o fornecimento de azoto, a temperatura e o fotoperíodo.

Os dados relativos ao brix revelaram que, no estádio leitoso, as sementeiras tardias produziram menos brix do que as sementeiras precoces, ao passo que, nos estádios de grão claro e duro, as sementeiras tardias produziram brix mais elevado do que as sementeiras precoces. O elevado brix no estádio leitoso (BSL) das sementeiras precoces explica-se pela boa fenologia das plantas, que por sua vez é ditada pelo ciclo sementeira-floração, pela altura das plantas e provavelmente pelo fotoperíodo. Segundo GUTJHAR (2012), os elevados teores de açúcar e de matéria seca devem-se a uma boa fenologia das plantas. São fortemente favorecidos por um grande número de nós grandes, pela duração do ciclo sementeira-floração e pelo fotoperiodismo. Os valores de brix são elevados no estádio pastoso e no estádio de grão duro para as sementeiras tardias. Estes resultados mostram que a boa fenologia das plantas não é suficiente para explicar o elevado teor de açúcares da primeira sementeira, mas que a pluviosidade também deve ser tida em conta, uma vez que as medições do brix nos estádios farináceo e de grão duro da segunda sementeira tiveram lugar durante um período de seca. A seca teria provocado uma diminuição significativa da quantidade de água na planta e, por conseguinte, logicamente, um aumento do teor de açúcar dos genótipos (SAWADOGO, 2013).

CONCLUSÃO E PERSPECTIVAS

44

Este estudo mostrou que os 29 genótipos testados de sorgo sacarino do Burkina são sensíveis ao fotoperíodo, com um coeficiente de fotoperiodismo que varia de um genótipo para outro e que vai de 0,125 a 0,861. Os genótipos encurtam o seu ciclo de sementeira-floração entre 3 e 21 dias para um desfasamento de sementeira de 24 dias. O genótipo 124 foi o menos fotoperiódico (Kp = 0,125), enquanto o genótipo 85 foi o mais fotoperiódico (Kp = 0,861).

Para além das caraterísticas fenológicas, o atraso da sementeira afecta significativamente a expressão da maioria das caraterísticas vegetativas e o brix. No entanto, não tem um efeito significativo nas caraterísticas de qualidade.

A interação data de sementeira x genótipo também teve um efeito significativo na maioria das caraterísticas quantitativas. De facto, as variáveis NJG, NJF, NJE, LOP, LOF e LAP apresentaram diferenças muito significativas com valores inferiores a 0,001.

Os genótipos podem ser utilizados em programas de melhoramento de sorgo. A caraterização bioquímica e patológica dos genótipos identificados poderia determinar o efeito do escalonamento das datas de sementeira na composição do sumo e identificar microrganismos nocivos.

Ensaios de avaliação participativos e multifocais em várias zonas climáticas contrastantes, bem como a avaliação fora de época, poderiam também ajudar a identificar os genótipos de interesse para os produtores e consumidores e contribuir para avaliar o desempenho brix do sorgo sacarino e a estabilidade dos genótipos.

BIBLIOGRAFIA

AGÊNCIA ECOFIN, 2018. Burkina Faso: a produção cërëaHere atingiu 4 milhões de toneladas em 2017/2018.

AHMADI N., CHANTEREAU J., LETHEQUE H. C., MARCHAND J. L., OUENDEBA B., 2002. Les cërëales. *In: Memento de l'agronome.* CIRAD e GRET, ISBN 2-86844-1297, 811822.

ANDREWS D. J., 1973. Efeitos da data de sementeira em sorgos nigerianos fotossensíveis. *Experimental Agriculture, 9,* 337-346.

ASIEDU J. J., 1989. *Transformation des produits agricoles en zone tropicale: approche technologique.* Edition Karthala et CTA, ISBN 2-86537-3347, 335p.

BARRO-KONDOMBO C. P., 2004. *Evaluation de la diversite genetique des sorghos des régions agricoles du centre-ouest et de la Boucle du Mouhoun.* Mëmoire de DEA, 44p.

BEZOT P. 1963. L'amëlioration des sorghos au Tchad. Agronomie Tropicale 18, 985-1007.

CHANTEREAU J. e NICOU R., 1991. *Le sorgho.* Paris, Maisonneuve et Larose, coleção le technicien de l'agriculture tropicale, 159p.

CHAVAN U. D., PATIL J. V., SHINDE M. S., 2009. Uma avaliação de cultivares de sorgo sacarino para a produção de etanol. *Sugar Tech.* 11 (4): 319-323.

CLERGET B., 2004. *O papel do fotoperiodismo na elaboração do rendimento de três variedades de sorgo cultivadas na África Ocidental.* Tese de doutoramento do INA-PG, PARIS /França. 192 p.

CLERGET B., 2008a. Variabilidade^ da taxa de desenvolvimento em sorgo cиШyë (*Sorghum bicolor* (L.) Moench) e relação com o fotopëriodismo. *Cahiers Agriculture 17,* 101-106.

CLERGET B, DINGKUHN M, GOZE E, RATTUNDE HFW, NEY B. 2008b. Variabilidade do filocrono, do plastocrono e da taxa de aumento da altura em variedades *de sorgo* sensíveis ao fotoperíodo. *Anais de Botânica101,* 579-594.

COCHEME J. & FRANQUIN P., 1967. Relatório técnico sobre um estudo da agroclimatologia da zona semiárida a sul do Saara na África Ocidental.

CURTIS D. L., 1968. A relação entre o rendimento e a data de colheita do sorgo nigeriano. *Agricultura Experimental, 4,* 93-101.

DE WET J.M.J., HARLAN J.R. e PRICE E.G., 1970. Origem da variabilidade no complexo Spontanea de Sorghum bicolor. *American Journal of Botany* 57(6) : 704-707.

DOGGETT H., 1965. Striga hermonthica em sorgo na África Oriental. *J. Agric. Sci.* 65: 183 194.

DOGGETT H., 1988. Sorghum. London Harlow (GB), Longman Scientific Technical, (2ª edição), 512 pp.

DUKE, 1965. "Chaves para a identificação de plântulas de algumas espécies lenhosas proeminentes em 8 tipos de floresta em Porto Rico," Ann. Missouri. Bot. Gard, n°52, p. 314-350.

EPA/DGESS/MAAH, 2018. Quadro de estatísticas de fronteira da agricultura.

EPSO, Dia do Fascínio das Plantas, maio de 2015.

FAOSTAT, 2014. O Estado da Alimentação e da Agricultura.

FAO, 2002. Sugar sorghum in China. *Cimeira Mundial da Alimentação*, 3p.

GAPILI N., 2016. Etude de la diversite gënëtique et du photopëriodisme d'accessions de sorgho grains [*Sorghum bicolor* (L.) Moench] du BURKINA FASO. Tese de Doutoramento. Université Ouaga I Professeur Joseph KI-ZERBO.

GAPILI N., SAWADOGO M., NANEMA K. R., NEBIE B., SAWADOGO N. e ZONGO J. D., 2015. Estudo do fotoperiodismo dos ecótipos de sorgo no Burkina Faso. Instituto Tchadiano de Investigação Agronómica para o Desenvolvimento (ITRAD), BP 5400, N'Djamena, Chade. Equipe Genetique et Amelioration des Plantes, Universidade de Ouagadougou 03 BP 7021 Ouagadougou 03, Burkina Faso. ICRISAT-Bamako, BP320 Bamako, Mali. *Direitos de autor © 2015 ISSR Journals*.

GARNER W. & ALLARD H., 1923. Further studies in photoperiodism: the response of the plant to relative length of day and night, US Government Printing Office.

GAUFICHON L., PRIOUL J.L. e BACHELIER B., 2010, Quais são as perspectivas de melhoramento genético das culturas tolerantes à seca? FARM, 61 p.

GNANSOUNOU E., DAURIAT A., WYMAN C. E., 2004. Refining sweet sorghum to ethanol and sugar: economic trade-offs in the context of North China. *Bioresource Technology*, 96, 9851002.

GRASSI G., 2001. Sorgo sacarino: uma das melhores culturas mundiais para alimentação humana e energética. *Rede Temática de Bioenergia da América Latina*, 3p.

GUTJAHR S., 2012. Análise de ctiracteres morfogenéticos e bioquímicos de interesse para o desenvolvimento de açúcares de sorgo sacarino de duplo propósito grão-bioálcool. Tese de doutoramento, Universidade de Montpellier 2, 112 p.

HARLAN J. R. e DE WET J. M. J., 1972. Uma classificação simplificada dos sorgos cultivados. *Crop Science*, vol. 9, n° 2,172-176.

[eme]**HOUSE L. R.,** 1987, *Manuel pour la sélection du sorgho* (2 edit.). Ed. ICRISAT-Patancheru, 229p.

ICRISAT, 2006 a. Biofuel: energy for the poor. *Ciência com um rosto humano,* Índia, 4p.

ICRISAT, 2006b. Sweet sorghum: food, feed, forder and fuel crop. 18p.

KOROTIMI Thera, 2017. Análise de determinantes gënëticos que controlam a produção e composição do caule em sorgo (*Sorghum bicolor [L.]Moench*). Integração de abordagens bi- e multi-parentais.

KOURESSY M., TRAORE SEYDOU B., 2006. Le photoperiodisme des sorghos africains, une reponse a la variabilite pluviometrique. In : AMMA CIRAD (Ed.), Monitoring and forecasting the African monsoon impacts on agriculture and vegetation (AMMA) Dakar, Senegal. *CIRAD - Agritrop*, 557-559.

KOURESSY M., DINGKUHN M., VAKSMANN M. & HEINEMANN A. B., 2008. Adaptação a diversos ambientes semi-áridos de genótipos de sorgo com diferentes tipos de plantas e sensibilidade ao fotoperíodo. *Meteorologia Agrícola e Florestal,* 148, 357-371.

KOURESSY M., TRAORE S., VAKSMANN M., GRUM M., MAIKANO I., SOUMARE M., TRAORE P.S., BAZILE D., DINGKUHN M., &SIDIBE A., 2008. Adaptation des sorghos du Mali a la variabilite climatique, *Cahiers Agricultures* vol. 17, no. 2, março-abril de 2008.

MAISONNEUVE ET LAROSE, sorgo, 1991.

MINISTERE DE L'AGRICULTURE ET DE LA SECURITE ALIMENTAIRE-Situation de reference des principales i'iiieres agricoles au Burkina Faso, Avril 2013.

MURDOCK G., 1959. Staple subsistence crops of Africa (Culturas de subsistência básicas de África). *Geographical Review* 50: 521 -540.

NAMOANO B., 2018. Efeito das datas de semeadura nos paramëtres agromorfológicos de doze (12) acessos de sorgo doce [*Sorghum bicolor* (L.) Moench] do Burkina Faso. Memoire de Master. Universidade Joseph KI-ZERBO.

NEBIE B., 2009. Etude de la variabilite agromorphologique de quelques ecotypes de sorghos sucres [*sorghum bicolor* (l.) Moench] du Burkina Faso. Dissertação DEA. Universidade de Ouagadougou.

NEBIE B., NANEMA K. R., BATIONO/KANDO P., TRAORE R. E., LABEYRIE V., SAWADOGO N., SAWADOGO M. e ZONGO J. D., 2013. Variação das caraterísticas agromorfológicas e do brix de uma coleção de sorgo de caule doce do Burkina Faso. Artigo publicado. *2013 International Formulae Group.*

NEBIE B., 2014. Diversidade genética de sorgo de caule doce [*sorghum bicolor* (l.) Moench] do Burkina Faso. Thëse pour obtenir le grade de docteur a l'Universite de Ouagadougou.

NYABYENDA P., 2005. *Les plantes cultivees en regions tropicales d'altitudes dAfrique.* Bélgica, Les Presses Agronomiques de Gembloux. Ed. TEC & DOC, 500p.

OUEDRAOGO M., 2014. Estudo da diversidade agromorfológica do sorgo e identificação de cultivares tolerantes ao stress hídrico pós-floral. CAP/Matourkou - Ingënieur d'Agriculture.

QAZI H. A., PARANJPE S., BHARGAVA S., 2012. Acumulação de açúcar no caule em sorgo doce - Atividade e expressão de enzimas metabolizadoras de sacarose e transportadores de sacarose. *Jornal de Fisiologia Vegetal,* 169: 605-613.

SAWADOGO B., 2013. Etude de la variabilite morphologique et biochimique de sorghos a tiges sucrees [*Sorghum bicolor* (L) Moench] de la zone soudanienne du Burkina Faso. Memoire de fin de cycle en vue de 1 obtention du diplome d'etudes approfondies (DEA).

SAWADOGO N., OUEDRAOGO M. H., TRAORE R. E., NANEMA K. R., KIEBRE Z., BATIONO-KANDO P., NEBIE B., SAWADOGO M., ZONGO J. D., 2017. Efeito da Diversidade Agromorfológica e da Raça Botânica na Composição Bioquímica em Sorgo de Grãos Doces [*Sorghum bicolor* (L.) Moench] do Burkina Faso. J. BioSci. Biotech. 2017, 6(1) : 263269.

SCHAFFER R. E. e GOULEY L. M., 1982. O sorgo como fonte de energia. *In: Sorghum in the eighties.* L. R. House, L. K. Mughogho e J. M. Peack, ICRISAT, vol. 2, 477-783. 2, 477-783.

SENE L., 1995. Reponse de la varite de sorgho CE 145-66 a l'alimentation en eau : effets du stress hydrique sur les rendements et la qualité des semences. Memoire de fin d'etudes pour l'obtention du diplôme d'ingenieur des travaux agricoles. Instituto Senegalês de Investigação Agrícola (I.S.R.A.). Senegal.

TRAORE S.B., REYNIERS F.N., VAKSMANN M., KONE B., SIDIBE A., YOROTE A., YATTARA K. & KOURESSEY M., 2000. Adaptação à seca de ecótipos locais de sorgo no Mali. Science et changements planetaires/ Secheresse. Vol. 11, n° 4, 227-237

VAKSMANN M., BOUCHET S., MALLE *Y*, TOGOLA S., TRAORE P. C. S., 2011. Diversidade genética, estrutura, fluxo genético e relações evolutivas no complexo *Sorghum bicolor* selvagem-ervas daninhas-cultivo numa região da África Ocidental. *Theor. Appl. Genet,* 16 p.

VAKSMANN M., KOURESSEY M., CHANTEREAU J., BAZILE D., SANGARD F., TOURE A., SANOGO O., DIAWARA G. & DANTE A., 2008. Utilisation de la diversite genetique des sorghos locaux du Mali, *Cahiers d'études et de recherches francophones/ Agricultures, Vol. 17, Num. 2, 1405.*

VAKSMANN M., TRAORE S. & NIANGADO O., 1996. Fotoperiodismo do sorgo africano. *Agriculture et developpement,* 9, 13-18.

VIGUIER P., 1947. O sorgo e a sua cultura no Sudão francês. Dakar, 80p.

ZOLIKPO S., 2011. Caracterisation agro-morphologique des cultivars traditionnels de sorgho colorant (Sorghum bicolor Sorghum bicolor) au Benin. Universite d'Abomey-Calavi (Benim) - Diplome d'ingenieur agronome 2011.

APÊNDICE: Lista dos genótipos de sorgo sacarino estudados (NEBIE, 2014)

APÊNDICE 1:

número anal	2	70	73	79	81	85	88	89	92	97
Num coll	BKB5	NBO1	NBO4	BKO2	BZI3	BSA5	BBO5	LTI5	SDJ2	SPO1
zona de escurecim ento	nord souda	sub sah	sub sah	sub sah	sub sah	sub sah	sub sah	sub sah	sah	sah
Província	Bazega	Namentenga Namentenga	Bam	Bam	Bam	Bam	Loroum	Soum	Soum
Aldeia	Wemti nga	Boulsa- Setor 4	Boulsa- Setor 1	Darig ma	Mínimo	Fours a	Boulon ga	Titao Setor 4	Borgui ndd	Pobë- Meng ao
Nome local		kankansi ido	kankansi ido	loumdi	kankansi ido	zouan ga	Loumd i	kankansi ido	капогё	kenda moon go
Significad o		cana sucree	cana sucree	compa cto	cana-de- açúcar	cego	compa cto	caule doce	cana- de- açúcar	açúca r de sorgo

Sah = Sahdlienne

Sub sah = sub-sahdhiano

Nordda = norte do Sudão

APÊNDICE 2:

número anal	98	103	104	105	108	109	110	112	115	119
Num coll	SPO3	SAR7	KGA1	KGA2	KGA6	KGA7	KGA8	KBA2	KBA5	KBA9
zona de escurecimento	sah	sah	Komondjari	sub sah	sub sah	sub sah	sub sah	sub sah	sub sah	sub sah
Província	Soum	Soum	Ouë	Komondjari	Komondjari	Komondjari	Komondjari	Komondjari	Komondjari	Komondjari
Aldeia	Pobë-Mengao	Kattd	Gourmantchd	Ouë	Lonadeni	Kokogou	dyapwargou	Bontegou	Bontegou	Bontegou
Nome local	kenda	Umakaana	compacto	kourbouli-kadëma	kadayoutchala kadayiboana		kankansiido kaDafingrmonga		kadadibimomma kadamengou	
Significado	sorgo	caule doce		sorgo de caule doce	cana-de-açúcar гесоигЪ ёe	cana a AÇÚCAR GLUM E preto	cana-de-açúcar	papoila vermelha	sementes vermelhas	caule doce

Sah = Sahdlienne

Sub sah = sub-sahdhiano

número anal	120	123	124	125	127	129	130	136	137
Num coll	KBA10	KBA14	GBO2	GBO4	GBO6	GBO8	GBO9	GBI3	GBI1
zona de escurecimento	sub sah	sub sah	sub sah	sub sah	sub sah	sub sah	sub sah	sub sah	sub sah
Província	Komondjari	Komondjari	Gnagna	Gnagna	Gnagna	Gnagna	Gnagna	Gnagna	Gnagna
Aldeia	Bontegou	Bontegou	Bogandd- Setor 4	Bogandd- Setor 4	Bogand-d- Setor 6	Thiery	Gnimpiendi	Bilanga	Hatdry
Nome local	kadayitiontionga	fiaribonga	kadema	hmagli	kankadema	kahourlaiga	kahourlaiga	kadayoutchala	bddipouba youbili
Significado	panícula curva	sorgo negro	cana-de-açúcar	compacto	cana-de-açúcar	não consegue ver o sol	não consegue ver o sol	cana-de-açúcar curvada	tranças da mulher do chefe

Sah = Saheliano

Sub sah = sub-sahehian

I want morebooks!

Buy your books fast and straightforward online - at one of world's fastest growing online book stores! Environmentally sound due to Print-on-Demand technologies.

Buy your books online at
www.morebooks.shop

Compre os seus livros mais rápido e diretamente na internet, em uma das livrarias on-line com o maior crescimento no mundo! Produção que protege o meio ambiente através das tecnologias de impressão sob demanda.

Compre os seus livros on-line em
www.morebooks.shop

Printed by Books on Demand GmbH, Norderstedt / Germany